AF366548

LE CAFÉ D'ANNAM

Hanoi.— Imp. de l'**Indépendance Tonkinoise**

UNION COLONIALE FRANÇAISE
44, Rue de la Chaussée-d'Antin, PARIS

LE
CAFÉ D'ANNAM

ÉTUDE PRATIQUE SUR SA CULTURE

par

C. PARIS

OFFICIER D'ACADÉMIE

PRÉSIDENT DU SYNDICAT

DES

PRODUCTEURS ET EXPORTATEURS

DE TOURANE

CHEZ L'AUTEUR

à

TOURANE (ANNAM)

1895

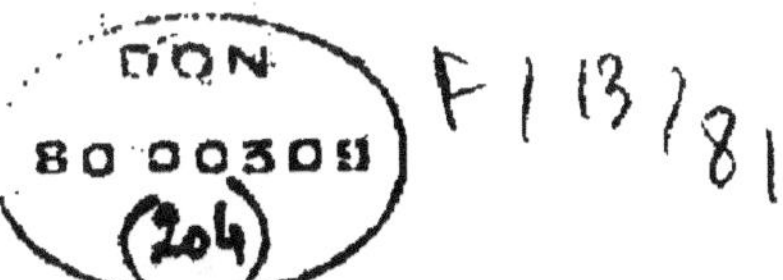

DU MÊME AUTEUR

ITINÉRAIRE DE HUÉ EN COCHINCHINE PAR LA ROUTE MANDARINE, avec gravures et cartes en couleur.

1889, ED. LEROUX. Paris

CARTES TINÉRAIRES DE HUÉ A PHAN RANG, avec notices géographiques et historiques.

1889, ED. LEROUX Paris

ABRÉGÉ DE L'HISTOIRE D'ANNAM, avec un Essai de Carte historique et plusicurs tableaux.

1891, F. H. SCHNEIDER Hanoi

L'ANNAM, ses caractères ethniques.
(L'Anhropologie, mars-avril 1891)
G. MASSON, Paris,

LES RUINES TJAMES DE THA-KÉOU.
(L'Anthropologie, mai-juin 1891)
G. MASSON, Paris.

LES RUINES TJAMES DE LA PROVINCE DE QUANG-NAM.
(L'Anthropologie, mars avril 1892)
G. MASSON, Paris.

LE THÉ D'ANNAM

1894, J.C. Le Vasseur. Hanoi

J'ai écrit cette monographie dans
le même esprit que celle du THÉ
D'ANNAM, sans aspirer à la perfection,
pour augmenter la source de documents
utiles aux planteurs.

Je renouvelle mon vœu ; il nous faut
créer une Bibliothèque agricole indochi-
noise, sous la forme de brochures faciles à
consulter et à conserver; c'est un édifice à
construire en commun dont nous profi-
terons tous.

C. PARIS.

A M. BRIÈRE

Résident Supérieur en Annam

Voici maintenant quatre années que, le premier en Annam, j'ai tenté de créer une plantation de caféiers.

Chaque fois que je me suis heurté à quelque obstacle imprévu ou que j'ai été menacé d'embarras, votre bienveillante intervention a dégagé la route sur laquelle je m'étais aventuré, et si, comme je l'espère, la réussite couronne bientôt mes efforts, c'est, avant tous, à vous que je le devrai.

Comme témoignage de respectueuse gratitude, je vous prie d'agréer la seule chose que je puisse vous offrir,

L'hommage de ce travail.

C. PARIS.

LE CAFÉ D'ANNAM

CHAPITRE 1ᵉʳ
Avantages de la Culture du Caféier en Annam

Il faut absolument que nous sortions de l'état de chrysalide où nous nous confinons et cesser de prendre la cause pour l'effet.

Nous nous plaignons d'une stagnation dans les affaires et nous appelons à grands cris une ère de prospérité qui ne viendra pas d'elle-même. Moi aussi, je mêlerais bien ma voix au concert ; je voudrais bien être riche. Mais je ne sache pas que la Fortune réponde souvent aux déclarations platoniques. Elle a eu maints caprices comme toute belle galante à laquelle il prend l'idée de rendre heureux pour un instant quelque Quasimodo, mais elle ne se donne pas fatalement à qui la désire. Il faut la violer. Violons la donc ! Et si nous ne sommes pas assez forts isolément, groupons-nous.

L'Annam est méconnu de la Métropole, des émigrants. A qui la faute ? Que faisons-nous depuis plusieurs années ? Nous regardons vers la grande passe si quelque navire ne nous apporte pas une compagnie industrielle quelconque avec son personnel et son matériel, pour nous faire vendre quelques victuailles ou bibelots de plus. Oh ! nous l'attendrons longtemps, la Fortune, avec ces moyens timorés.

On ne comprend pas assez que le travail de toute sécurité et à bénéfices lents et petits se fait en France. Ici, nous devons marcher à pas de géants ou rester pétrifiés. Il ne faut donc pas que l'argent sommeille, pas plus que la vigueur morale et physique. Cherchons, travaillons, appelons des colons, employons nos efforts à détourner à notre profit l'émigration française.

Mais quels sont les émigrants qu'il nous faut ? Auparavant, quel est le moyen de tenter la fortune ? L'agriculture. N'est-ce pas un paradoxe que des colons, à mesure qu'ils arrivent, s'installent dans une ville, se fassent faire un cachet et une enseigne, X.... négociant, et attendent des clients.

N'en voyant pas venir, ils se plaignent que le commerce ne va pas. Mais de quel commerce parlez-vous? Le commerce est-il autre chose que l'offre au consommateur de produits récoltés ou fabriqués ? Où sont les cultures ? Où sont les fabriques ? Où sont enfin les sources d'alimentation du commerce ?

Le commerce actuel en Annam peut être comparé à une fontaine qu'on installe au-dessus d'un puits où il y a beaucoup d'eau, mais qui ne peut monter faute de tuyaux d'aspiration. Si vous voulez vendre du coton, du tabac, du café, du poivre, plantez-en d'abord ou faites-en planter ; si vous voulez vendre des peaux de bœuf ou du bétail sur pied, faites de l'élevage, et n'attendez pas le producteur indigène, pauvre étique qui se croit riche quand il récolte pour cinquante francs d'une graminée quelconque.

Les Annamites pourront devenir nos auxiliaires; nous pourrons recueillir, centraliser leurs faibles récoltes; mais nous ne les verrons pas de longtemps se constituer grands propriétaires et bonder d'eux-mêmes nos entrepôts. Il faut donc absolument, si nous voulons vendre quelque denrée, en provoquer d'abord la production et l'accélérer sans relâche.

Dans un pays comme l'Annam qui nous offre son sol et ses bras à un bon marché ex-

cessif comparativement aux pays similaires, nous devrions, en quelques années,
rendre la haute agriculture prospère et en-
combrer nos ports de produits. C'est seulement alors que le mouvement commercial
pourrait se créer.

Je le déclare ici sans crainte de contro-
verse: il n'y a plus de place en Annam pour un
seul négociant ; ceux qui s'y cramponnent
actuellement suffisent à nous alimenter. Il
ne nous faut que des colons agricoles, dis-
posant d'un capital de trente mille francs,
et surtout point d'ouvriers cultivateurs, si
ce n'est comme surveillants de plantations.

La petite culture, infiniment divisée, est
entre les mains des indigènes dont les besoins sont si restreints qu'ils pourront toujours faire à l'ouvrier agricole français une
guerre redoutable.

Les grandes exploitations, d'autre part,
n'enrichissent qu'une unité humaine, ne
donnent pas au pays le cachet d'aisance, de
bien-être, des moyennes plantations, et ne
sont d'ailleurs pas à la portée de beaucoup
de fortunes.

Je préconise donc les moyennes installations, de 25 à 30 hectares, qu'on peut créer
avec le capital dont j'ai parlé plus haut.
Beaucoup de colons agricoles pourraient
venir s'installer chez nous avec 30.000 francs.
Ils sont nombreux les propriétaires de France
qui, à la suite de phylloxera, d'oïdium ou
de toute autre épidémie végétale ou de dé-
boires quelconques, s'en vont à la Républi-
que Argentine, à la Louisiane, au Canada
ou ailleurs, à l'étranger, tenter de reconsti-
tuer leur fortune avec les derni rs débris qui leur en restent. L'Annam peut
les recevoir. Les Français peuvent ac-

quérir sur toute l'étendue du territoire, des propriétés rurales, sans autre condition qu'une légère indemnité aux villages et le paiement de l'impôt indigène, très peu élevé.

Nos compatriotes feraient œuvre utile en détournant vers nous le courant de cette émigration particulière.

Si le Gouvernement voyait se dessiner cette émigration, il ne pourrait faire autrement que de la favoriser en accordant des transports gratuits et en facilitant le groupement des colons comme il l'a fait en Algérie.

Actuellement, cinq planteurs sont établis aux environs de Tourane ; on leur a déjà donné des routes. Deux d'entre eux, les plus rapprochés, vont en voiture de Tourane sur leurs plantations.

Que d'autres s'installent, et ils ne tarderont pas à obtenir aussi des routes, un service postal, un géomètre, peut-être un service médical gratuits. Ce dernier surtout serait indispensable. Ma plantation est à sept kilomètres de Tourane, une visite de médecin m'y coûte 50 francs. Nous ne pouvons cependant pas demander au Gouvernement de créer des centres agricoles, si nous ne lui présentons pas d'agriculteurs.

Les cultures qui ont le plus de chances de réussir sont celles qu'on peut appeler les moyennes cultures riches, et pour lesquelles, je me permets de le répéter, on peut se contenter de 25 à 30 hectares complantés de 40.000 caféiers, dont le produit brut peut atteindre 50,000 francs à la quatrième année et le produit net, 20.000 francs.

Comme ces plantes se développent considérablement, il faut les disposer en lignes distantes de trois mètres ; et, dans chaque ligne, les caféiers doivent être aussi espacés de trois mètres.

L'économie de ce genre de plantations consiste dans cet espacement qui permet de se livrer, pendant les deux ou trois premières années, entre les intervalles, à des cultures accessoires, telles que pommes de terre, haricots, maïs, coton, ricin, etc., qui subviennent à l'entretien du colon, tandis que son capital reste exclusivement consacré à sa culture riche et devient suffisant pour attendre la première récolte.

Il faut, bien entendu, ne pas se livrer à des achats futiles et repousser impitoyablement toute dépense ne tendant pas au but de l'exploitation ou à la conservation de la santé.

Ajoutons à cet équilibre économique, la possibilité de nouer des relations commerciales avec les indigènes, soit d'importation en pétrole, cotonnades, allumettes, etc., en leur accordant un petit crédit quand on les connaît plus particulièrement, soit d'exportation de leurs produits, en leur fournissant des avances qui leur permettent de cultiver davantage, et nous trouverons dans les résultats de ces opérations encore une ressource inespérée.

Ouvrons donc cette ère de travail: que les commerçants de détail qui se figent au Tonkin devant leurs comptoirs en attendant les clients, et qui se syndiquent ensuite pour se faire payer d'eux, abandonnent la partie, et, s'ils redoutent les quelques pirates qui circulent encore, qu'ils viennent en Annam où nous jouissons d'une tranquillité parfaite. Pour les seuls environs de Tourane, les sites enchanteurs et propres à la culture ne manquent pas. Quoi de plus merveilleux que les flancs de la montagne qui bordent l'ouest de la lagune d'Ang-co, que les mamelons de Trung-Phuoc, et toutes les vallées de Cu-Dé, Ty-Loan, Vinh-Phuoc, Nong-Son, Tramy, etc. !

. . . . , ...

. . . .

D'après plusieurs statistiques que j'ai sous les yeux, la production moyenne du café dans le monde entier serait la suivante :

Brésil, millions de kilogrammes. . . . 300
Autres pays d'Amérique 127
Java 81
Autres pays 71

Total 579

Cette production est insuffisante. Elle peut s'augmenter sans crainte d'une baisse de prix sensible. D'autres statistiques accusent une consommation de 649 millions de kilogrammes.

Il faut admettre qu'on ne peut consommer plus qu'il n'est produit, à moins, ce qui est fort possible, qu'on ne fabrique du café grillé avec certaines graines étrangères. Malgré le vague qui se dégage de pareilles statistiques, elles démontrent que le café est actuellement produit en quantités insuffisantes. Il est d'ailleurs demandé sur tous les grands marchés européens d'importation et sa culture promet des bénéfices pouvant aller jusqu'à 80 p. 0/0.

La production du Brésil décroît depuis l'émancipation des esclaves qui sont insuffisamment remplacés comme nombre par des travailleurs libres coûtant cher; l'hemileia vastatrix ravage d'autres pays producteurs: on peut donc prévoir que le caféier va sous peu changer d'habitat, et que le pays qui, le premier, attirera chez lui et activera cette transmigration, sera aussi le premier à s'enrichir.

Le centre de l'Annam, par sa latitude, sa composition géologique et sa situation orographique, est admirablement disposé pour offrir un asile à cette précieuse plante.

Les premiers producteurs placeront leurs produits en Indo-Chine même, à un prix très rémunérateur, jusqu'à concurrence de 150,000 kilogrammes et, si c'est nécessaire, le Gouvernement ne nous refusera pas plus un droit de protection contre les cafés insulaires voisins qu'il ne l'a refusé à la Compagnie des Allumettes de Hanoi contre les allumettes chinoises et japonaises.

En Annam, le salaire d'une journée est tombé à . . . . 0 fr. 30

A la Réunion, outre 75 fr. par immigrant indien, la nouriture journalière et les soins médicaux, à . . 0,50

A Java, suivant les lieux, 0, 50 à 1 fr. soit 0.75

A Johore. 0.85

Aux Antilles françaises, un nègre se paie . . . . , . . 1.50

Au Brésil, un esclave revenait à . 1.80

La journée d'un travailleur libre revient à 4.00

En Tunisie, un Arabe coûte . . 2.00

A Hawai, un indigène 2.50

Dans les lignes qui précèdent, je me suis tourné successivement du côté de mes compatriotes de France et vers ceux de la Colonie. Supposons maintenant mon appel entendu d'un métropolitain et supputons les dépenses de l'exploitation qu'il va tenter.

Du jour où il aura décidé de consacrer

ses 30. 000 francs à une culture de caféiers, il d evra immédiatement mettre en pratique ce premier principe : Ne faire aucune dépense superflue, et, en conséquence, n'acheter aucun objet sans se demander au préalable s'il ne pourrait pas s'en passer.

C'est ainsi qu'il devra être très sobre dans son approvisionnement d'instruments aratoires. Le sol en Annam est généralement siliceux dans les plaines et graveleux sur les reliefs, de sorte que la charrue annamite est suffisante pour ameublir le sol dans le premier cas, et, dans le second, de crainte de casser le soc sur les roches d'affleurement, il est préférable d'employer la pioche.

Une fois la terre défrichée et divisée, on peut employer les outils indigènes avec d'autant plus de facilité que les coolies sont contents de les apporter avec eux parce qu'ils ont l'habitude de les manier.

Mais l'Annamite ne possède ni pioche ni bêche, et ces instruments sont précieux, les pioches, pour déraciner, les bêches, pour creuser les trous qui recevront les jeunes plants.

Je supposerai dans le devis approximatif ci-après, que notre compatriote apporte de son existence antérieure les divers ustensiles de son ménage et ses vêtements.

L'entretien du planteur ne fera également pas partie de ce devis, parce qu'il peut être amplement fourni par l'emploi lucratif de la partie de son capital qu'il ne doit utiliser qu'à la seconde et à la troisième année.

On peut tenter, je me permets de le répéer, les achats de produits cotés sur les places voisines, tels que poivre, coton, tabac, ricin, arachide, les fournitures aux indigènes des produits d'importation qu'ils consomment, tels que pétrole, cotonnades allumettes, etc., les fournitures diverses à l'Etat et aux particuliers, bois, poteaux, bambous. paddy, maïs, laitage, victuailles, gibier et enfin toutes les opérations commerciales à brève échéance que la situation du moment, le milieu ambiant et l'intelligence du planteur peuvent lui suggérer.

Les dépenses varient, bien entendu, suivant la nature du défrichement à opérer la quantité des ombrages existants, la facilité de recrutement des coolies, et quelques autres facteurs. J'adopterai dans le devis ci-après une situation moyenne:

	fr.
Remboursement de la nourriture à bord d'un transport de l'Etat....	150.00
Dépenses accessoires sur ce transport............	150.00
50 bêches et 50 pioches à 2 fr. 50	250.00
5 bêches doubles à 8 fr. 00....	40.00
10 fourches à 4 fr. 00........	40.00
1 bascule..............	150.00
1 baromètre anéroïde........	20.00
2 thermomètres et 1 baromètre ordinaire...............	15.00
1 compte-pas.............	16.00
1 graphomètre à boussole.....	30.00
1 niveau à bulle d'air avec pinnules...............	10.00
1 sécateur..............	6.00
Taillanderie indispensable.....	100.00
Selle et bride..........	80·00
Pharmacie indispensable....	60.00
Un fusil à balle et accessoires.	155.00
Un fusil de chasse......	150.00
Un revolver avec cartouches.	63.00

A reporter........1485.00

Report. . . .	1485.00
Livres agricoles.	50.00
Pompes, tuyaux et accessoires .	1.000.00
Ustensiles de laiterie et crémerie.	250.00
Transport de tous les objets précédents jusqu'à la plantation. .	400.00
Deux mois d'expectative après le débarquement.	800.00
Acquisition de 25 hectares . . .	.800 00
Installation d'une case et ses dépendances	1.400.00
Défrichement du terrain broussailleux, 200 journées de coolies pour un Ha, soit 5.000 journées à 0 fr. 35	1.750.00
Labours à 12 fr. l'Ha	300.00
40.000 trous à 2 pour 0 fr. 05. . .	.1.000.00
40.000 plants à 0 fr. 15 (transport compris) . . . , ...	6.000.00
Fumier	300.00
Transplantation des 40 000 plants	1.000.00
Ombrages, paravents, arbres divers . . . . -	1.000,00
Entretien de la plantation pendant 3 ans, à 20 coolies par jour, soit 21.900 journées à 0.35 . . . , . . .	7.665.00
Deux chevaux . , ... , . . .	300.00
Frais généraux pour 3 ans	4.500.00
	fr.
Total . . , . . .	30.000.00

Les machines à grager et autres pourront être achetées avec un emprunt sur récolte pendante au cas, peu probable, où la réserve pour frais généraux aurait été entièrement dépensée.

Il faut évidemment, pour réussir dans ces conditions, qu'aucune calamité ne vienne atteindre le planteur ni la plantation.

La première année, les plants redoutent une inondation ou une trop grande sécheresse, ou encore les courtillères. On doit choisir un terrain qui ne risque pas d'être submergé et l'on entoure les jeunes plants d'une espèce de latanier nain appelé cai ché-là, qui croit dans toute la brousse d'Annam. Les folioles lancéolées de cette plante ont l'avantage de se maintenir intactes une fois coupées pendant toute la saison chaude, et de laisser passer entre elles les rayons solaires qu'elles tamisent, la pluie et la rosée.

La deuxième année, les caféiers craignent le vent ; si les arbres protecteurs ne sont pas encore assez vigoureux ni touffus, on maintient les jeunes arbustes avec des tuteurs de bambous qui servent, la période de vent terminée, de supports aux cai-ché-là, ou qu'on emploie à faire des barrières.

Si une épidémie sévit sur les caféiers et les détruit, on n'est point pour cela ruiné. On ne perd ni la préparation du sol, ni l'installation, ni la réserve non dépensée, et l'on peut encore se relever par une dimunition possible de ses dépenses personnelles, quelques cultures annuelles marchant de pair avec la reconstitution du domaine en poivrière, par exemple, ou plantation de thé.

Les maladies qui peuvent atteindre le planteur sont la fièvre paludéenne, la diarrhée, l'hépathite.

Les qualités végétales des terres sont généralement en raison inverse de leurs qualités sanitaires ; en d'autres termes, plus une terre est fertile, couverte d'alluvions, de détritus végétaux, fermentés par des pluies périodiques, plus elle est dangereuse pour la santé du colon. Ces terres se rencontrent dans des vallons parfois admirables de pittoresque, mais l'atmosphère y est encaissée ; l'air vicié par les émanations délétères du sol, se renouvelle trop lentement, et la vie de l'homme y étant anormale, périclite ; c'est le cas au Col des Nuages, sur la rade de Tourane.

Il faut donc, dans la choix du terrain, songer aux possibilités d'un long séjour du planteur autant qu'aux qualités du sol. Les terres diverses, à moins de vices redhibitoires peuvent être modifiées par les amendements et les engrais, potassiques pour celles qui sont trop argileuses, gras et forts pous les terres légères, rouges et graveleuses.

Une caféière de 40. 000 plants peut rapporter de la troisième à la quatrième année 20. 000 francs de bénéfices nets, et si, pour une cause quelconque, les plants ont éprouvé du retard dans leur croissance, au plus tard de la quatrième à la cinquième année.

Il ne s'ensuit pas qu'un colon qui voudrait se contenter d'une économie annuelle de 10. 000 francs pourrait tenter une demi-exploitation avec 15 000 francs, car la proportion n'existe pas pour les frais généraux d'installation première qui absorberaient la presque totalité des 15 000 francs, la plantation ne comportant même que 12 ou 15 hectares.

Le colon qui viendrait, au contraire, avec 50. 000 francs, vivrait avec bien moins de soucis, hésiterait moins à se donner le confortable dans sa demeure et pourrait se passer de l'intermédiaire de la Banque pour l'achat de ses machines.

J'ai devisé sur ce chiffre de base de 30 mille francs, pour justifier ma réponse à cette question qui m'est souvent posée: « Est-il réellement possible de tenter une exploitation de caféiers avec 30.000 francs ? » — «Vous en auriez 50.000 que cela vaudrait mieux ; mais vous pouvez essayer avec 30 mille francs. »

Ce n'est pas évidemment un placement de tout repos ; mais la perspective de se créer un revenu net de 10.000 francs au bout de quatre ans avec un capital de 30.000 francs devrait tenter beaucoup plus de nos compariotes, si nous étions aussi colonisateurs que nous le crions fort pour nous le faire croire à nous-mêmes.

CHAPITRE II   (1)
Géographie et Météorologie

L'Annam a une longueur de cheminement de 1650 kilom. du 20e au 10e latitude N. et une largeur moyenne de 25 kilom. de la côte à la chaîne montagneuse, en exceptant les vallées qui serpentent parfois entre deux rideaux de montagnes et s'étendent très loin. Ses limites en longitude atteignent les 102e et 107e degrés E.

La population annamite est évaluée à six millions et demi d'habitants, sans compter les montagnards tributaires.

Elle est essentiellement agricole. Quelques villages côtiers se livrent à la pêche et fabriquent du *mam* ou poisson pourri et du *nuoc-mam*, saumure de poisson, qui sont une partie indispensable de l'alimentation indigène et que les Chinois viennent chercher en jonques de mer.

---

(1) Une grande partie des renseignements de ce chapitre sont tirés des différents annuaires de l'Indo-Chine.

Les Annamites campagnards son essentiellement sédentaires, laborieux, sobres, et peuvent devenir, entre les mains de planteurs entreprenants et judicieux, d'excellents et économiques travailleurs. Mais ils sont routiniers et n'acceptent qu'avec répugnance toute modification de leur outillage ou de leur mode de vivre.

Toutes les provinces sont susceptibles d'être mises en exploitation agricole, mais seulement dans les parties surélevées où 'Annamite ne peut cultiver son riz, base de sa nourriture. Mais les cultures se grouperont naturellement à proximité des ports et sur les fleuves qui s'y déversent.

Nous allons visiter successivement toutes les provinces de l'Annam, en nous dirigeant du Sud au Nord, comme si nous arrivions de France.

La 1re province est celle de THUAN-KHANH (2); un seul colon, italien, s'y est établi, à *Phang-Rang* : c'est M. Gaggino, représentant de la maison Gaggino and C°, de Singapoore.

Et cependant, cette province a 500 kilomètres de longueur par la route mandarine, avec 27 trams ou relais de poste. La population française est de 30 individus, dont 10 fonctionnaires et 11 missionnaires.

Les ports de la côte, par où les produits de l'intérieur peuvent s'exporter, sont les suivants :

Baie de CAM-RANH, assez bonne vers l'Est; possède un magnifique port intérieur avec des fonds de 15 mètres. Les régions avoisinantes sont presque inhabitées. M.

---

(2) Réunion des anciennes provinces de *Binh-Thuân* et *Khanh-Hoa*.

Aymonier, qui y avait établi la Résidence
de la province, leur avait donné la vie en y
créant de vastes plantations d'arêquiers au
moyen des corvées réglementaires. Le but
de cet administrateur éminent était, dit-on,
d'établir à Cam-Ranh, une colonie agricole
pénitencière, qui eut assaini et mis le pays
en valeur Aujourd'hui, le tigre y a repris
droit de cité.

Les terres sont libres, mais le recrutement des coolies travailleurs serait peut-
être difficile, à moins d'y constituer un
village.

Les trois ports de PHAN-TIET, PHAN-RI
et PHAN-RANG, au sud de Cam-Ranh, sont
accessibles seulement aux jonques de mer,
leurs rades sont mauvaises et ouvertes.

NHA-TRANG, rade ouverte mais offrant
des abris au Nord sous les massifs du cap
de la Tortue, et au Sud sous l'ile Thu.

Nha-Trang est le chef-lieu de la province
et possède une Résidence, une Douane, un
bureau de Postes et Télégraphes. C'est la
première escale des Messageries de Saigon
à Haiphong.

HON-COHE, mouillage abrité à l'Est par la
pointe dite de Hon-Cohe. Un peu plus à
l'Est, les navires peuvent s'y amarrer aux
arbres par des fonds de 20 à 30 mètres. On
y remarque des salines; à quelque distance
de Hon-Cohe, la vallée de Ninh-Hoa peut
recevoir des colons agricoles.

VUNG-RO; ce port, découpé dans la côte
du cap Varela, est sûr en toutes saisons.
L'entrée a un mille de large, et le bassin
s'avance à trois milles dans l'intérieur vers
le N.-E. ; il présente des fonds de 10 à 15
mètres.

Province de BINH-PHU (*Phu-Yen* et

Binh-Dinh réunis).

Cette province n'a également qu'un colon, mais il est Français, c'est M. Rideau. La population Européenne comprend, en outre, 17 missionnaires, et l'agent des Messageries Maritimes.

Voyons la côte, toujours du S. au N.

Xuan-Day ou Vung-Lam, belle rade, avec des fonds de 15 mètres ; le port en a 12, et l'on y entre par tous les temps.

Song-Cau, à peu de distance au N. du précédent. Ce port est vaste et s'ouvre entre deux mornes.

Les habitations du Phu-Yen ne s'étendent pas à plus de 18 kilom. de la côte ; aussi les débouchés de l'intérieur se font-ils par Binh-Dinh et Qui-nhon. Notons pourtant la vallée du Sông-Da-Rang ou Song-Ba, qui possède de belles surfaces à cultiver. Le sông Da-Rang se jette dans la mer à peu de distance au S. de Xuan-Day.

QUI-NHON, deuxième escale des Messageries Maritimes, résidence de la province. Les navires calant plus de 5 mètres sont obligés de mouiller dans la rade extérieure, où l'on est sans abri du N.-E, et ne peuvent opérer leur chargement qu'au moyen de grandes jonques annamites. Un chenal de 600 mètres de long sur 200 mètres de large conduit dans la rade intérieure, où les navires peuvent mouiller à 700 mètres de terre.

Les fonds varient de 6 à 12 mètres et ont une étendue de 75 mètres sur 5000 mètres. Il y a 4 m. 20 d'eau sur la barre à marée basse. et 5 m. 30 à marée haute.

Qui-Nhon a des services de Douane, de Postes et Télégraphes.

Nuoc-Ngot, An-Du et Kim-Bong sont des

ports accessibles aux jonques. Le commerce du N. de la province se fait par Kim-Bong.

Les cours d'eau qui sillonnent le Binh-Dinh en assez grand nombre ne sont navigables que pendant la saison des pluies et sur une faible partie de leur parcours.

Le plateau d'ANG-KHÉ est admirablement situé pour l'élevage et la plantation. Les pâturages et l'eau n'y font jamais défaut.

Le Binh-Dinh fabrique de la soie, des cordages en fibres de coco, de l'huile d'arachides; cultive le sucre et le maïs et possède beaucoup de rizières.

Province de NAM-NGAI (*Quang-Ngai* et *Quang-Nam*).

Le QUANG-NGAI compte 3 fonctionnaires, 2 missionnaires et pas de colon; le QUANG-NAM 27 colons dont 20 à Tourane, 2 à Faifo et 5 dans l'intérieur, 25 fonctionnaires, 1 compagnie d'infanterie de Marine, 1 garde d'artillerie et 4 missionnaires. Les militaires sont tous à Tourane.

En continuant notre route au N. nous rencontrons, dans le Quang-Ngai, Co-Luy, à l'embouchure du sông Ta-Cuk. La baie est formée au N. par le cap Batangan. La rade est peu abritée et ne peut être fréquentée que par le beau temps.

A une heure au S. de Co-Luy, se trouve une petite ville chinoise appelée *Tan-An*. Les habitants y accaparent les produits de la province et les dirigent sur Hai-Nan, Singapoore, Hong kong, en cabotage préalable sur Tourane ou Qui-Nhon. Les magasins de Tan-An contiennent du sucre, du pétrole, du coton, de l'indigo, de l'huile de coco et d'arachides.

Plus au N., la baie de Ki-Kuit ou Vung-Kuit, étant mieux garantie des vents, est plus fréquentée que la baie de Co-Luy.

Les cultures au Quang-Ngai comprennent la canne à sucre en assez grande quantité, l'arachide, le mûrier et l'indigo.

Les Moïs y apportent la cannelle. Les industries principales sont la soie, le coton, le sucre, dont on exporte plus de 12,000 tonnes par an, l'huile d'arachides.

Ha-noa ou Hiép-Hoa ; cette baie reçoit les chaloupes ne calant pas plus de 3 mètres ; elle est surveillée par un poste de Douane.

Cua-Day, poste de Douane à l'embouchure d'une lagune dont l'autre extrêmité, grossie de rivières, se jette dans la rade de Tourane, sous le nom de rivière de Tourane.

De Cua- Day, en se dirigeant vers l'intérieur, on tombe, après une heure de marche, sur Fai-fo, ville commerciale chinoise que Tourane a un peu détrônée. C'est le siége de la Résidence du Nam-Ngai.

TOURANE, troisième et dernière escale des Messageries Maritimes, escale des transports de l'Etat, escale de retour des navires de la Compagnie nationale. Les bateaux de Hong-kong y viennent prendre du frêt. Cette ville, concession française. possède un Résident-Maire, une garnison, une Ecole, un Trésor, une Douane, un Télégraphe, une Poste, une Eglise.

La baie de Tourane est la plus sûre de la côte ; les chaloupes de commerce entrent en rivières, viennent s'amarrer au quai et peuvent naviguer à l'intérieur. Par sa situation sur la route de Hué, le port est aussi stratégique que commercial. Les Européens augmentent trop lentement au gré des premiers arrivés qui voudraient voir se développer Tourane comme une ville yankee.

Les vallées de Nam-O, Vinh-Phuoc, Ta-My, Huong-Hien, Tuy-Loan, Cu-De, sont fertiles et riches en productions forestières et minérales. D'autres vallées, moins importantes, comme celles du sông Ru-Ri, du sông Binh-van, facilitent les échanges avec les montagnards. La province de Quang-Nam est donc une des plus importantes de l'Annam, et celle qui est appelée au plus grand essor commercial et industriel.

Ses principales cultures sont le riz, le manioc, le mûrier, l'arachide, la canne à sucre, le tabac, le poivre, l'arec, le thé et, par quelques Français, le café.

La cannelle, apportée par les Moïs, est universellement réputée et fait l'objet d'une exportation sérieuse à Hong-kong. La province est aussi riche en minerais. Citons les Houillères de Nong-Son, de Vinh-Phuoc, les gisements cuprifères de Doc-Bo.

Sur la rade de Tourane débouche aussi la rivière de Cu-Dé, dont la barre est praticable pendant la mousson Sud-Ouest. En remontant ce cours d'eau, on ne tarde pas à trouver de nombreuses terres incultes propres à la culture du café et du thé.

Jusqu'à présent on n'a pu relier par un itinéraire satisfaisant Tourane au Laos. Saravane et Attopeu sont moins éloignés de Khone et de Bassac, sur le Mé-Kong. Mais les produits laotiens, une fois à Khone, ont encore à supporter des frais de transit jusqu'à Saigon, tandis que Tourane même pourrait devenir leur port d'exportation. La route la plus avantageusement connue est celle de Cam-Lo, dans le Quang-tri. Mais elle nécessite l'amélioration des voies de transport de Cam-Lo à Hué et de Hué à Tourane.

Province de HUE— (appelée aussi *Quang-Duc ou Thua-Thien*).

Vers Hué, nous rencontrons la baie de Chou-May, dernier refuge pour les navires allant au Tonkin sans quitter la côte : le littoral sera désormais formé de dunes basses et peu découpées.

Une passe fait communiquer Chou-may avec une lagune intérieure, mais les chaloupes d'un faible tirant d'eau peuvent seules s'y engager. — Puis, plus au Nord, la rade de Thuan-An, foraine, mauvaise, méritant à peine ce nom. Les bateaux des Messageries s'y arrêtent pendant la bonne saison pour permettre à la poste d'y venir faire l'échange des courriers de Hué, distant seulement de 15 kilomètres

Hué, capitale de l'Annam. Cette ville justifie mal, par son peu d'étendue, son titre d'antique capitale. Elle ne comprend guère, en dehors de la citadelle qui a 2400 mètres de côté et où logent toutes les familles au service de l'Etat, qu'une file de cases agglomérées sur les quais du canal du Mang-Ca. Cependant, depuis quelques années, beaucoup de maisons chinoises et annamites se sont édifiées entre ce canal et les glacis de la citadelle.

Hué est la résidence du Résident Supérieur en Annam, du Commandant des Troupes, du Roi d'Annam et de son Conseil secret. Un bureau des Postes et Télégraphes relie cette ville au réseau général.

Deux colons français seulement, tous deux fournisseurs de leurs compatriotes fonctionnaires et soldats. L'un, M. Bogaert. mérite d'être signalé comme précurseur ayant entrepris, avec ses deux frères, d'utiliser les ressources indigènes; c'est ainsi qu' il a établi une scierie à vapeur et qu'il s'occupe en ce moment de la création d'une caféière.

Hué est approvisionné pour l'alimentation indigène par tous les points de l'Indo-Chine.

Dans ses environs, l'Européen pourrait se livrer en toute sécurité à des exploitations agricoles; mais Hué est désavantagé par la difficulté d'y accéder par mer, et cette difficulté sera l'une des causes, primordiale, inévitable, qui empêcheront les Européens de créer des industries ou des entrepôts, aussi longtemps du moins que la route de Tourane ne sera pas rendue carrossable ou que Tourane et Hué ne seront pas reliés par un chemin de fer.

La population européenne de la province se compose, outre les deux familles de colons, de 24 fonctionnaires civils, 10 officiers ou agents de la Marine, d'une compagnie d'infanterie de Marine, d'une sous-direction d'artillerie et de 11 missionnaires.

Province de BINH-TRI. — (*Quang-Tri* et *Quang-Binh*).

Le Quang-Tri est renommé pour la qualité de ses tabacs. Le Phu de *Cam-Lo*, possède de beaux bois de construction et des tubercules tinctoriaux.

C'est de Cam-Lo que part la voie de pénétration au Laos qui obtient le plus de faveur. Cette voie conduit, par Ai-Lao à Kemmarat, sur le Mékong. On relie en ce moment toute cette région au réseau télégraphique qui a déjà deux bureaux ouverts dans la province.

Le Quang-binh correspond avec la mer par deux fleuves :

1° Le sông Nhut-Lé, dont l'embouchure, large de 800 mètres, est à Dong-Hoi, capitale et résidence de la province. Le sông-Nhut-Lé est navigable snr une assez grande distance. Sur son affluent, le Sông-Côt, se fait un grand mouvement de batellerie. C'est par cette voie que s'effectuent les transports des objets d'échange avec les Moïs. La direction du sông Nhut-Lé est sensiblement parallèle à la côte, ce qui occasionne sur ce fleuve un mouvement considérable de bateaux à l'époque où la mousson contraire rend le cabotage sinon totalement impossible, du moins, dangereux pendant près de six mois de l'année.

2" Le sông Giang, qui est formé par la réunion de cours d'eau importants: le sông Nay, le sông Lon, et le sông Nam, baigne la plus riche région de la province.

Son embouchure a 900 mètres de large. Il est navigable à une assez grande distance, mais les bateaux calant plus de deux mètres ne peuvent franchir sa barre.

A Dong-Hoi, se tient un marché qui ne compte pas moins de 1800 personnes chaque jour; il est surtout approvisionné en poissons de toutes espèces, rotins, sel, paddy, bois d'essences vulgaires, cotonnades, cuivres et poteries.

On trouve des caféiers à Ke-son, Ke-Bang, Chanh-Hoa et Xuan-Son.

La canne à sucre fait l'objet d'une culture assez importante. Le maïs nourrit le bassin du sông Giang L'arachide, le tabac, le coton, l'indigo sont également exploités.

La population européenne du Binh-Tri est de 11 fonctionnaires et 13 missionnaires. Pas de colon.

Province de NGHE-AN HA-TINH.

Population européenne:24 fonctionnaires, 6 colons, 29 missionnaires.

La province de *Ha-Tinh* était autrefois rattachée à sa voisine, le *Nghé An*, sous le nom commun de *Hoan-chau*.

Ces deux provinces sont encore actuellement administrées par un seul résident.

VINH est le chef-lieu de la province de Nghé-An et le siège de la Résidence et des bureaux de Douane, Postes et Télégraphes.

Le Nghé-An est en communication avec Haiphong par le sông Ca, dont l'embouchure est appelée Cua Hoi.

Le barre a de 1m 50 à 4 m 50 d'eau selon les marées. On remonte en deux heures à Ben-Thuy, où se trouve la douane française. Quelques commerçants français s'y sont établis.

Ben-Tuy est en communication avec Vinh distant de 6 kilomètres par la route mandarine, et par le canal qui exige 4 heures de barque à cause des ses méandres.

Il y a peu de marchés dans l'intérieur; tout le trafic se concentre à Vinh. Un grand marché s'y tient tout les 5 jours.

Un monopole des bois, bambous et rotins a été concédé, le 30 mars 1888, à M. Jean Dupuis par le gouvernement annamite, moyennant 5000 piastres par an pour 3 ans. Cette ferme perçoit 5 p. o/o sur les bois de 2e qualité et 10 p. o/o sur ceux de 1re qualité. La Société Dupuis y a installé des scieries mécaniques. Elle a également obtenu, pour 6471 piastres par an, la ferme des produits forestiers suivants: cire, laque, tourteaux oléagineux, teintures, plantes médicinales, cardamome, etc...

Les principaux articles d'exportation sont: les bois ,les rotins, les plantes médicinales, le faux gambier ou cunao, l'huile de sésame, le cardamome, les tourteaux, le sucre brut, l'arec et les peaux de bœufs et buffles.

On cultive aussi le mûrier, l'indigo, le tabac et la ramie avec laquelle on fabrique des filets et des hamacs.

Le blé serait cultivé à l'évêché de Xa-Doai pour les besoins du culte.

On y récolterait également du café attaqué par le ver hemileia, dit la Notice officielle; mais je crois que c'est la tarière, ou borer des Anglais, l'hemileia vastatrix étant un champignon microscopique qui attaque les feuilles et non un ver qui perce le pied.

La cannelle se rencontre aussi dans les montagnes du phu de Qui-Chu à Khe-Ca.

Les territoires du Tran-Ninh, du Tran-Bien, du Cam-Mon et du Cam-Cot, sont peuplés de 50.000 Poueurls, Meos, Xas.

Le bois les teintures, la laque, la cire, le cunao, le cardamome et les médecines sont les principaux objets d'échange de ces montagnards.

Parmi les plantes médicinales, on remarque le Hoang-Nau (strychnos gautheriana) employé contre la paralysie, la rage, la lèpre, les morsures de serpents et tous les virus.

Deux voies conduisent de Vinh au Mé-Kong par ces territoires: l'une, par Ha-Trai jusqu'à Hou-Ton, traverse le Cam-Mon; l'autre, par le Song-Ca, traverse le Tran-Ninh et conduit à Luang-Prabang en 25 jours. Mentionnons aussi qu'on se rend de Vinh à Ha-Tinh en 12 heures par la route mandarine et en 30 heures par le canal de Phu-Vien et le Ngan-Pho.

Ha-Tinh n'a pas de colon.

Province de THANH-HOA.

Population européenne, 1 colon, 12 fonctionnaires, 1 missionnaire.

Le chef-lieu est Thanh-hoa, à 5 kilom. du Sông Ma, et siège de la résidence et des services des Douanes, Postes et Télégraphes.

Presque tous les autres cours d'eau de la province se jettent dans le sông-Ma dont la largeur atteint 1.800 mètres; mais, comme la plupart des autres fleuves d'Annam, il n'est pas navigable pour les vapeurs et sa barre est peu accessible.

Le coton est cultivé dans les phus de Tho-Xuân et de Quang-Hoa, les huyens de Yen-Dinh et de Dong-Son; la production annuelle est évaluée à 600000 kilogrammes, dont la majeure partie est exportée en Chine et au Japon.

La province exporte aussi de la soie, du cunao, des bois précieux, de la cannelle. Cette dernière se récolte dans les chau muongs de Quanh-Hoa, Thuong-Xuan. Long-Chanh

Le plus grand marché de la province se tient au chef-lieu tous les 10 jours.

La majeure partie des exportations de la province va au Tonkin par cabotage,

Il faut, par jonque, cinq ou six jours pour aller de Nam-Dinh à Thanh-Hoa par les ar royos ordinaires, et, si le vent est bon, par mer quelque heures seulement, un jour au plus, une demi-journée en chaloupe.

POPULATION DE L'ANNAM

PROVINCES	EUROPÉENS			Total	Villages	INDIGÈNES			TOTAL
	Colons	Fonctionnaires	Missionnaires			Chinois	Annamites	Chams, Moïs	
Thuan-Khanh. .	1	19	11	31	523	1300	132.000	30.000	163.300
Binh-Phu	2	17	17	36	938	788	975.000	»	975.788
Nam-Ngai. . . .	7	9	5	21	1465	500	450.000	»	850.500
Tourane.	20	19	1	40	»	50	4.500	»	4.550
Quang-Duc . . .	4	24	11	39	410	350	420.000	»	420.350
Binh-Tri.	»	11	13	24	786	74	474.000	»	474.074
Nghé-An	6	24	29	59	1386	178	2.500.000	50 000	2.550.178
Ha-Tinh.									
Thanh-hoa . . .	1	12	1	14	2091	480	1.250.000	»	1.250.180
Totaux	41	135	88	264	7599	3420	6.603.500	80.000	6.688.920

Je relève d'autre part le nombre d'inscrits suivants:

Thuan-Khanh . . . . 17.529.
Binh-Phu 61.699
Nam-Ngai. 3000
Tourane 12.829
Quang-Duc . . . . ! . . 12.829

Binh-Tri 23.891
Nghe-An, Ha-Tinh. 83.888
Thanh-Hoa 64.198

Total 3033.55

Les inscrits sont les détenteurs du sol qui en paient l'impôt foncier; en tenant compte aussi d'un chiffre de 300.000 pêcheurs, il reste une population de 6 millions de coolies agriculteurs.

Si nous en réservons la moitié pour cultiver les rizières des inscrits, il restera encore 3 millions d'excellents travailleurs, dans le pays le plus paisible de l'Indo-Chine, à la disposition de combien de colons venus en 10 ans? de 41, y compris les hôteliers et les employés de banque et de messageries.

Ces chiffres démontrent que notre expansion coloniale est restée toute *morale* et ne s'est point traduite par des faits d'émigration.

On se contente de gémir sur ce qu'on croit le peu de génie colonisateur de nos gouvernants, qui en sont réduits, pour « sauver la face » vis à vis des indigènes, à peupler nos colonies avec des fonctionnaires, ce que leur reprochent ensuite les colonisateurs qui ne voudraient pas, pour l'empire de Dupleix, quitter le bitume des grands boulevards.

Climatologie — L'annuaire de 1893 donne de la capitale d'Annam une étude climatologique très intéressante dont je reproduis ci-dessous les caractères principaux parce qu'ils sont sensiblement les mêmes qu'à Tourane distant seulement d'un demi-degré en latitude, et dont je préconise plus particulièrement la colonisation agricole.

La température moyenne de Hué est de 24°5. Si l'on s'en rapporte à la classification adoptée pour les climats, celui de de Hué appartiendrait encore à la zone des climats chauds (de +15° à +25°), mais se trouverait aux confins de ces derniers et sur la limite des climats torrides (+25 à 28).

La température suit une marche ascendante à partir du mois de mai, s'élevant brusquement vers la mi-avril pour atteindre son point culminant en mai. A dater de cette époque, elle se maintient élevée et à peu près constante pendant les mois de mai, juin, juillet et août, car on remarque que ces mois ont des moyennes à peu près semblables. Notons cependant qu'il est habituel d'observer une légère décroissance en juillet, suivi d'une légère augmentation en août, où la température repasse par les points culminants de mai et de juin.

Dans le cours de la deuxième quinzaine de septembre, la chaleur décroit insensiblement, la température du jour restant aussi élevée que précédemment, mais celle de la nuit atteignant des minima inférieurs; cependant cette décroissance n'est marquée d'une façon sensible qu'à l'apparition des premières pluies qui indiquent la saison d'hiver ou saison fraîche. C'est généralement dans le cours du mois d'octobre que cet heureux changement si impatiemment attendu s'opère. On voit alors la chaleur céder rapidement et atteindre sa limite inférieure en décembre. A partir de cette époque, elle oscille dans des limites sensiblement constantes pendant les mois de janvier et février.

OSCILLATIONS THERMOMÉTRIQUES
MENSUELLES

MOIS	MOYENNES des MAXIMA		MOYENNES des MINIMA		MOYENNES du MOIS
Janvier.	24°	5	16.5		19.5
Février.	22	3	17		19.7
Mars.	25		19		22.
Avril.	27	4	21	2	24.1
Mai.	32	4	24	9	28.9
Juin.	32	9	25		28.8
Juillet.	32	1	24	8	28.4
Août.	32	8	24	6	28.6
Septembre.	31	1	24	4	26.5
Octobre.	28	1	22	7	26.3
Novembre.	25	1	20	5	22.7
Décembre.	23	1	18	3	19.4
Moyennes annuelles	24	5	28		24.5

Le degré le plus élevé qu'ait atteint le thermomètre est 39° (2 juin 1881): observé une seule fois.

La température minima a été observée
En 1882, les 23 et 24 décembre 10° 6
1883, les 6 et 7 janvier 10
1881, le 8 février 12 0
1885, le 26 février 14 0

C'est donc plus fréquemment en juin que se trouve le jour le plus chaud de l'année. Quant au minimun extrême, il est moins constant et se rencontre indifféremment en décembre, janvier et février.

MOYENNES DE LA TEMPÉRATURE AUX DIVERSES HEURES DE LA JOURNÉE

MOIS	MATIN				SOIR				
	Minima	6 heures	7 heures	10 heures	Midi	Maxima	4 heures	6 heures	9 heures
Janvier	16.5	18	19	20.1	22	22.5	21.3	20.8	20.1
Février	17	18.5	18.8	19.9	»	22.3	20.8	20.5	20.3
Mars	19	20.9	21	23.2	»	25	24.5	23	22
Avril	21.2	22.3	24.4	24.5	»	27.4	25.7	24	24.1
Mai	24.9	25.5	26	30.3	»	32.7	30.3	29	27.8
Juin	25	26.5	26.9	30.6	31.8	32.9	31.1	29.5	29
Juillet.	24.8	25.7	26.3	29.1	31.7	32.1	30.8	28.7	28.4
Août	14.6	25.3	26.9	90.3	32.3	32.8	31.1	28.2	28
Septembre	24.4	25.6	25.8	28.5	29.8	31.1	29.2	28	27.2
Octobre	22.7	24.4	25	26.1	27.4	28.1	26.6	25.4	24.6
Novembre	20.5	22.5	22.8	24.3	24.5	25.1	24.4	24	23.7
Décembre	18.3	19.9	19.9	21.1	22	23.1	21.7	21	20.7

ETAT HYGROMÉTRIQUE

La température ne constitue pas le seul facteur important du climat de ces régions; il en est un autre qui a une importance tout aussi considérable, c'est l'état hygrométrique.

MOIS	MOYENNES MENSUELLES	MOYENNES TRIMESTRIELLES	MOYENNES SAISONNIÈRES
Mars	90		
Avril	88.5	86.8	85.9
Mai	82.1		
Juin	83.7		
Juillet	88.5	85.1	
Août	83.1		
Septembre	86.5		
Octobre	86.9	87.3	88.5
Novembre	88.5		
Décembre	89.7		
Janvier	87.9	89.8	
Février	92		
Moyenne Annuelle			87.2

Depuis la rébellion de 1886-87, les Annamites se sont montrés paisibles travailleurs, et les colons ont rencontré en eux de bons auxiliaires.

A part peut-être les provinces de Thanh-Hoa et Nghe-An qui sont inquiétées par des mécontents de Hué unis à quelques transfuges de la Rivière-Noire, tout le pays peut être visité et habité sans courir aucun risque.

La propriété absolue s'acquiert par une donation du Conseil royal ou Comat à qui on peut adresser une demande écrite.

La propriété relative, ou autorisation de cultiver indéfiniment s'obtient par une charte des notables du village dont dépendent les terrains convoités à la seule condition d'en payer l'impôt. On scelle la charte par une indemnité qui peut varier, suivant que les terres sont en forêts, broussailles ou jachères.

Voici les documents administratifs qui s'y rapportent:

« Art. 3 de l'ordonnance royale du 3 octobre 1888: « Nous concédons, en outre, par la présente ordonnance, le droit aux citoyens et protégés français, d'acquérir des terrains en Annam, mais nous nous réservons d'accorder ces concessions suivant les conditions édictées par la loi annamite »

Décret de l'empereur Tu-Duc, 1848:

« Il est établi que, lorsque quelqu'un révèlera l'existence de rizières ou de terres non inscrites, s'il s'agit de biens n'ayant jamais été inscrits, et qui sont réellement défrichés pour la première fois, on les adjugera au premier qui demandera à en payer l'impôt.»

Commentaire de Philastre, Tome I, page 407;

« Avant tout, il ressort deux points de la plus haute importance: 1° en droit annamite, l'abandon d'une propriété foncière, abandon qui consiste dans le fait que la terre n'étant plus cultivée cesse de payer un impôt, anéantit les droits du propriétaire, et la terre retourne au domaine, 2° la propriété des biens du domaine s'acquiert gratuitement par les particuliers par le seul fait de leur demande de prendre ces biens en culture et à la seule charge d'en acquitter les impôts. »

D'après un décret de Gia-Long, 2° année, les terres communales ne pouvaient être vendues ni louées, mais on devait les donner à celui qui offrait de les mettre en culture à la condition d'en payer l'impôt.

La marche à suivre pour l'acquisition d'une terre est donc la suivante:

En débarquant sur un point d'Annam, rechercher une terre réunissant les conditions que nous allons étudier. On en trouve dans toutes les provinces; les Annamites, sauf de très rares exceptions, ne cultivent que desplaines et des vallées susceptibles d'être inondées ou de conserver les eaux de pluies, condition indispensable à la maturité du riz.

Demander à parler aux notables du village, leur exposer qu'on veut cultiver les terrains désignés, actuellement incultes, et qu'on en paiera l'impôt. Puis, pour éviter toute tergiversation, proposer, pour réparer les pagodes, un cadeau en argent dont la valeur dépend des circonstances, de l'état du sol et surtout du discernement de l'intéressé.

En 1891, j'ai payé, pour 25 hectares d'un mamelon d'une fertilité et d'une exposition seulement passables, 200 piastres à 3 fr. 65, soit 730 francs; en 1894, pour 60 hectars de terres mieux exposées et pouvant être irriguées par un ruisseau limitrophe, j'ai payé seulement 120 piastres à 2 fr. 85, soit 342 francs.

Il faut marchander longuement si c'est nécessaire, mais toujours très froidement, les indigènes considérant l'emportement comme un ridicule qu'ils laissent aux femmes.

Ainsi donc, un village demanderait-il 1000 francs de ce que l'on pense obtenir pour 200, offrir le plus doucement possible 100 francs, et remonter jusqu'à 200, à mesure que le village y revient, en abaissant ses prétentions.

Une fois le prix convenu, les notables font un acte de cession qu'ils signent, et sur le quel ils portent le prix qu'on a payé, de sorte qn'ils ne peuvent employer cet argent que dans l'intérêt de la commune. Mais, comme tous les représentants du pouvoir, infimes ou influents, vivent de vénalités, il ne faut pas oublier de leur dire ouvertement qu'on versera, en outre, une certaine somme qui ne sera pas mentionnée sur l'acte. Ainsi, dans mon achat de 1891, 160 piastres seulement ont été portées sur l'acte et 100 piastres en 1894.

L'acte étant signé et délivré, on peut le faire traduire et enregistrer en chancellerie de la Résidence provinciale. Cette formalité n'est pas exigible, mais elle offre une garantie d'authenticité et de transcription en cas de perte de l'acte primitif.

CHOIX DU SOL. — Il est absolument nécessaire que le planteur connaisse la composition de son sol, afin de pouvoir, par des engrais et amendements, lui rendre les substances que s'est assimilée la plante.

Le sol cultivable dans lequel les racines puisent leur nourriture est formé de la décomposition des roches primitives. La profondeur est variable de quelques centimètres à quelques mètres.

Les roches qui se sont décomposées sur les lieux mêmes où elles ont émergé forment des terrains spéciaux qui pour être fertiles, nécessitent des amendements.

Ces terrains sont dits : formés sur place.

Les décompositions de roches que les eaux diluviennes tenaient en suspension et ont déposées par couches successives, ont formé les terrains *sédimentaires* ou *diluviens* qui sont fertiles

Les décompositions mêlées de débris végétaux, transportées par les inondations et déposées de même par couches successives forment des terrains dits *d'alluvion* d'une grande fertilité.

Les courants côtiers et les remous des barres déposent quelquefois des vases fertiles sur les côtes basses et forment des terrains *d'atterrissement*.

Quand les limons et débris végétaux, se trouvent renfermés dans des sols marécageux, ils constituent des *tourbes* qui ne valent rien pour la culture.

On rencontre surtout en Annam les terres sédimentaires et les terres d'alluvions.

Ces dernières sont presque toutes occupées par les cultures indigènes, et restent soumises d'ailleurs à des submersions annuelles qui les rendent impropres à la culture du caféier.

Il ne faut donc porter son choix que sur des terrains sédimentaires.

Parmi ceux-ci, les meilleurs par ordre de qualités sont:

Les sols sablo-ferrugineux, granitiques, feldspathiques, sablo-argileux.

Je citerai, à l'appui de ces choix, les avis ci-après de plusieurs auteurs compétents:

« Les digues de diorite, écrit Van Delden de Laerne, en parlant du Brésil, pénétrant les couches comme des ilôts oblongs, offrent les terrains les meilleurs et les plus recherchés pour la culture du café en San-Paulo. Le diorite étant très riche en felsdpath et en amphibole, et cette dernière contenant surtout beaucoup de fer, la décomposition produit une terre d'un rouge très foncé, ce qui lui fait donner le nom de *terra roxa*. Cette terre est fort potassée. »...............

...« Le Brésil est une terre d'une fertilité incomparable pour la culture du café. Partout

— 44 —

des terres rouges et rouges-brunes ou cuivrées, d'autant plus foncées, d'autant plus *ferrifères*, d'autant mieux; c'est pourquoi la
terra roxa est considérée comme terre
par excellence pour la culture du café.»

« Les terres rouges, mêlées de petites
et de grosses pierres, sont en général les
plus propres à former des plantations de
caféiers........Ceux ci prospèreront dans les
terres sablonneuses et graveleuses, pourvu
qu'elles soient mêlées à dose convenable
avec des terres propres à la végétation »
Bourgoin d'Orli.)

Le sol est généralement ferreux dans la
zone à café du Brésil, et appelée *terra vermeilha* ou *massapé* à mesure que la nuance est plus ou moins foncée. On a constaté
que, dans ces terres, l'hemileia faisait peu
ou point de ravages.

D'autres terres, sablonneuses mélées de
grès et de schiste, sont bonnes aussi pour
le café mais à un degré inférieur. Laerne
dit cependant qu'il a vu ces plantations sablonneuses de 10 à 15 ans tellement luxueuses et si extraordinairement chargées qu'il
ne put retenir sa surprise.

« Les roches granitiques feldspathiques,
granits, gneiss, pegmatites. syanites avec
dikes de porphyrites, de diabases, se décomposent avec une facilité dont rien ici
ne peut nous donner une idée, et fournissent facilement au caféier les éléments nutritifs qui, contrairement à ce qu'on pourrait croire d'après des analyses faites à la
station agronomique de San Paulo, se contentent d'une terre relativement peu riche
en substances minérales assimilables. »
Gorceix, B. S. G. C. P, no I — 90-91.)

Dans les terres calcaires, le caféier végète mal et ne se maintient que 15 à 20 ans, tandis que dans les terres qui lui conviennent, il vit jusqu'à 50 ans.

La plantation de Chassériau à Singapore n'a pu résister à l'hemileia vastatrix parce qne les racines des arbustes ayant atteint, dès leur 4e année, le calcaire du sous-sol, ont cessé de recevoir une alimentation suffisante.

Ainsi donc, le café étant avide de sels minéraux, les sols ayant en excès du sable, du calcaire, de l'argile, seront éliminés, et le planteur choisira de préférence les terres sédimentaires ferreuses qui abondent en Annam.

Les terres ferreuses *formées sur place* viennent en second lieu, pourvu que le gravier ferreux dela couche superficielle durci à l'air ne soit pas en excès.

Quand il se trouve de l'argile mêlé au fer, ce gravier peut même jouer un rôle bienfaisant dans la végétation de l'arbusto, en maintenant, pendant les sécheresses, le sol suffisamment divisé pour que les racines latérales du caféier. si ténues qu'on les a appelées chevelues, puissent s'y développer ; c'est le cas de ma plantation de Phong-Lé.

Dans les sols granitiques, les graviers de toutes sortes jouent le même rôle.

Les substances assimilables que fournit le sol au caféier sont le résultat, pour la majeure partie, de l'oxydation des sels minéraux.

L'eau, en pénétrant une couche de terre, attire après elle un volume d'air égal au sien. L'eau et l'air sont les agents les plus actifs des oxydations.

La facilité plns ou moins grande avec laquelle les terrains se laissent pénétrer par l'eau est appelée *perméabilité*.

Mais les terres ont les défauts de leurs qualités.Celui de la perméabilité est le manque *d'hygroscopicité*. « On donne ce nom à la propriété des terres de retenir une certaine quantité d'eau, sans la perdre par égouttage. Les pertes par la chaleur ou la dessication sont en dehors de ce qui est entendu par l'égouttage proprement dit. On prend de la terre à essayer et on la fait dessécher à 100° On en pèse alors 100 grammes que l'on délaie dans l'eau,pour en faire un mélange bien homogène, et l'on jette le tout sur un filtre double mouillé,pesé, placé dans un entonnoir également pesé. Lorsque l'eau a cessé de couler, on pèse le tout.Le poids total, diminué de celui de la terre,du filtre et de l'entonnoir, donne le poids de l'eau retenue;c'est-à-dire,la mesure de l'hygroscopicité. Le sable retient 25 grammes d'eau par 100 grammes,la terre argileuse 60, le calcaire fin 85,le terreau 190, d'après les observations de Schubler. »

Le manque *d'hygroscopicité* entraîne une dessication trop rapide qui condamne à des arrosements prématurés et fréquents.

La dessication d'un sol est en rapport inverse de son *hygroscopicité*.

« On sait, dit encore Basset, qui a fait une des meilleures études théoriques et pratiques sur les terrains, que par la dessication les corps perdent de leur volume et se contractent. Les terres se crevassent, se fendillent et durcissent par la sécheresse, et cela au grand détriment des racines qui sont privées de l'humidité utile, et en outre broyées souvent et meurtries par l'effet de la contraction. Ce phénomène est mis en évidence par les chiffres constatés. Si le calcaire fin ne perd que 5 0/0 de son volume en séchant à l'ombre, la terre argileuse se contracte de 11, 40 0/0, l'argile de 18, 30 0/0 et le terreau de 20 0]0. La nécessité des irrigations ressort clairement de ces données, et l'on doit y recourir toutes les fois qu'elles sont possibles. On comprend, d'ailleurs, que ce retrait des terres se rapporte à la dessication complète et que la lenteur avec laquelle il se produit est proportionnelle à la durée même de la dessication. Je viens de dire que le terreau, qui se contracte plus que les autres sols, est aussi le plus lent à se dessécher. »

On peut s'assurer des conditions dans lesquelles se produit la dessication des sols à l'aide d'un procédè élémentaire. On prend un poids déterminé de terre, que l'on mouille et que l'on fait égoutter. Cet échantillon est placé sous une cloche dans un récipient quelconque, à côté d'un autre vase qui renferme de la chaux vive, ou de l'acide sulfurique, on carbonate de potasse, du chlorure de calcium, de magnésium, etc.. On suspend un thermomètre dans l'intérieur de la cloche et, après vingt-quatre heures, on prend le poids de la terre. On sait ainsi ce qu'elle a perdu d'eau en un jour, dans l'air sec et à une température connue.

Enfin la *coloration* des terres est encore un facteur dont il faut tenir compte dans l'estimation de leur fertilité.

Les sels s'échauffent d'autant plus rapidement qu'ils sont plus colorés. Le retard observé dans la maturité des végétaux en terre froide provient de la lenteur d'échauffement du sol.

De deux terres fraiches et perméables de

composition similaire, la plus fertile sera la plus foncée en couleur.

Les terres ferreuses, à cause de leur porosité et de leur coloration s'échauffent et se dessèchent rapidement et ne sont point inquiétantes pour leur contraction, mais pour leur manque de fraîcheur en cas de sécheresse prolongée.

Une terre, pour favoriser la vie végétale, ne doit jamais contenir en eau moins de 1/10e de son poids total.

Les racines latérales du caféier planté dans des trous non complétement comblés se développent à environ 40 centimètres de profondeur : c'est à cette distance qu'il faut prendre la terre à expérimenter. Il suffit d'en peser une certaine quantité, de la faire dessécher dans un flacon à 1000° et de la peser après l'opération. Le poids indique la proportion d'eau que contenait le sol où la terre a été prise.

Il résulte jusqu'à présent des études précédentes :

1° Que les terres ferreuses sont les meilleures pour la culture du caféier; mais que, pour éviter une main d'œuvre d'arrosement, faut autant que possible les choisir dans des bas-fonds et ravins ou sur des plateaux légèrement excavés. Les bas-fonds sont préférables en ce que les arbustes ne craignent pas les coups de vent.

2° Que les terres granitiques étant plus argileuses, se dessèchent moins rapidement et peuvent être choisies à flancs de coteau.

3° Que les terres sablo-argileuses peuvent être prises sur des plateaux ou flancs de coteau et de montagnes, mais non dans des bas-fonds où elles s'échaufferaient trop lentement à cause de la stagnation des eaux.

La composition du sol n'est pas le seul facteur à considérer dans le choix du terrain. Il faut aussi se préoccuper de son exposition.

Le caféier porte des rameaux dont l'aire s'étend, à cause de l'écimage, parfois plus loin que ne le comporte l'harmonie des diverses parties constitutives de l'arbuste, et craint, pour cette cause, les vents violents qui peuvent le casser ou l'arracher, selon qu'on a conservé ou coupé le pivot.

Le soleil levant est généralement défavorable aux plantes. Ses premiers rayons pénètrent les gouttes de rosée comme autant de petites lentilles et peuvent brûler les feuilles et les fruits.

En Annam, les vents à craindre, ceux qui soufflent avec violence et continuité viennent du N. E. En choisissant un terrain exposé au S., S. E., S. O., on évitera les inconvénients précités. Les rares typhons que nous avons à subir viennent du N. E., E., S. E. ; l'exposition de choix sera donc S. et S. O.

RÉSUMÉ

Choisir: 1°, un terrain sablo-argilo-ferrugineux dans un bas-fond ou sur un plateau préservé des vents du Nord; 2o un terrain granitique à flanc de coteau exposé au Sud Ouest: 3o un terrain argilo-sableux à flanc de coteau au Sud d'un plateau garanti des vents du Nord.

Reste l'altitude.

Les caféiers autres que le Libéria demandent une certaine altitude. Le Libéria, dit M. Dabry de Thiersant dans son excellente monographie, croît très bien en plaine.

En Annam, si les hauteurs de 400 mètres

étaient accessibles, les caféiers y prospére-
reraient avec le minimum de soins. Ces
hauteurs ne manquent pas. On peut les trouver en remontant assez loin les cours d'eau.
Mais les Annamites craignant l'eau des
montagnes, ne veulent pas quitter leurs plaines qui leur sont indispensables d'ailleurs
pour la culture et l'irrigation de leurs rizières. Le planteur peut avoir à craindre
la difficulté de se procurer des travailleurs
Il ne se trouverait pas plus lui-même dans
des conditions bien hygièniques. La fièvre
des bois est commune et rebelle sur toutes
es hauteurs boisées.

La culture du café au Brésil donne, au dessous de 550 mètres, des récoltes irrégulières
au-dessous de 200 mètres, du mauvais café
appelé « capitania ».

Gorceix écrit, dans un Bulletin de la Société de Géographie Commerciale que les
plus hautes températures observées sur les
caféières de la province de Minas-Geraes
auraient été, en 1885, 20 septembre, 25o 6
— 23 octobre, 28o 5 — 29 novembre, 26o 9
— 12 décembre, 31o 7 — En 1886, 31 janvier, 28o 7 — 1er février, 29 9.

Et cette province exporte 90 millions de
kilos de café et en consomme autant.

Pour toutes les raisons qui précédent, je
préconise le Libéria dont la mauvaise ré-
putation résulte d'un cliché adopté par un
entraînement irréfléchi, auquel M. Raoul
lui-même n'a pas échappé.

Il n'est mauvais que dans les plantations
mal entretenues et point fumées. C'est une
culture nouvelle; ceux qui l'entreprennent
se hâtent trop, comme cela est arrivé, de
faire goûter leurs premiers produits insuffisamment desséchés; ils donnent ainsi une

impression défavorable qui se transmet aux amis et étend indéfiniment son rayon d'action

Cependant les personnes qui ont goûté sur place mes premiers grains de Libéria ont jugé à l'unanimité ce café excellent. Et je l'ai jugé de même.

Enfin, pour finir ce chapitre, nous pouvous retenir que l'habitat du caféier comprend en latitude toute l'étendue des deux zones intertropicales.

CHAPITRE IV

AMENDEMENTS ET ENGRAIS

Malgré tous les soins que nous aurons apportés dans la recherche du terrain, nous ne l'aurons pas trouvé sans imperfection. Aucun sol ne contient exactement les substances nécessaires à la plante et n'est constitué parfaitement pour les recevoir et les emmagasiner ou les évacuer s'ils sont en excès.

Les amendements ont pour but de remédier à ces défauts, tout en rendant assimilables pour la plante certains principes qui ne le fussent pas devenus en l'état primitif du sol.

Les principaux sont l'eau, la chaux, la marne, le plâtre, les cendres.

La nature nous donne l'*eau*: il nous suffit de l'écouler quand elle est en excès, de l'amener et de la retenir, si elle est rare et éloignée. Nous examinerons, quand nous étadierons l'entretien d'une plantation, quelques procédés de drainage et d'irrigation.

Dès que la *chaux* touche l'air, l'eau et le sol, elle se carbonate. Elle rencontre l'acide carbonique dissous dans l'eau qui imprègne la couche arable, s'y dissout et passe bicarbonate.

Elle peut alors, étanten solution, pénétrer dans les tissus végétaux et perdre son acide carbonique dans les organes qui conservent le carbone et renvoient, par les feuilles, l'oxygène à l'atmosphère.

Elle agit aussi sur les matières organiques du sol et en facilite la décomposition. Par ses propriétés caustiques, elle détruit bon nombre d'œufs et de larves d'insectes.

La marne est une chaux renfermant de l'argile. Elle se pulvérise par sa seule exposition à l'air. Elle agit principalement par le carbonate calcaire qu'elle contient.

Les terres légères acquièrent par le marnage la consistance et les qualités hygrométriques qui les rendent aptes à toutes les cultures.

Le plâtre transforme dans le sol la potasse insoluble en sulfate de potasse très soluble qui va se mettre à la disposition des racines; on l'emploie bien pulvérisé.

Les cendres fournissent au sol divers sels essentiels à sa revivification: des sulfates et des carbonates de soude et de potasse, des oxydes de manganèse et de fer, de phosphates de chaux, de la silice, du chlorure de sodium.

Les amendements dont nous venons de parler sont dits « assimilables » pour les distinguer de l'argile et du sable qu'on considère quelquefois comme amendements modifiants ».

L'argile mélangé à des calcaires amende les terrains sableux en modérant leur porosité; le sable amende les terres argileuses en les rendant plus perméables.

Si l'on n'a pas de sable à proximité des terres trop argileuses, on peut calciner de l'argile qui devient alors poreuse et s'en servir comme amendement modifiant.

On ne laboure pas généralement par économie les surfaces destinées à une culture arbustive. On se borne à creuser des trous dans lesquels la plante se développera les premières années.

Par la suite, on ameublit le sol en sarclant.

On ne peut, avec ce procédé amender la terre directement, mais rien n'empêche de mêler les amendements aux engrais qui donneront ainsi leur maximum d'effet utile dans l'aire des racines. Ainsi la chaux dans les fumiers absorbe les sucs trop solubles et fixe les gaz.

D'après ce que nous avons vu précédemment, nous pouvons déjà reconnaître que les amendements modifiants à mêler aux engrais seront les suivants :

1° Dans les terres ferreuses, riches en sels minéraux solubles, la marne, plutôt que la chaux qui rendrait encore plus brûlantes ces terres pendant la saison chaude.

2o Dans les terres granitiques qui contiennent plus d'argile, la chaux et les cendres.

3o Dans les terres argilo-sableuses, chaux et cendres, ou marne et cendres, suivant que le sable est en moins ou en plus grande quantité.

Pour connaître maintenant les amendements assimilables et les engrais à donner au caféier, il nous est indispensable de connaître ses besoins.

M. Dabry de Thiersant va nous les indiquer.

« D'après un rapport qui a été publié dans le Diaro de Aviso (San Salvador), le 13 avril 1881, l'étude des jeunes caféiers ou plants de pépinière qu'a faite M. Jeulie, administrateur de la Société anonyme des produits chimiques agricoles de Paris, démontre que, pendant le premier âge de l'arbuste, c'est l'action de la potasse qui ést prépondérante; plus tard, c'est l'azote ; ensuite la chaux, la soude, l'acide phosphorique et en dernier lieu la magnésie.

L'examen de l'arbre dans son complet développement fait connaître que la chaux remplit en lui le principal rôle; viennent ensuite l'azote, puis l'acide phosphorique, la potasse et la magnésie en égale importance, enfin la soude qui existe en de très faibles proportions.

Pour pouvoir apprécier exactement les besoins d'un arbre de café, il faut considérer avant tout la production de ses feuilles qui constituent la partie principale de sa végétation annuelle et qui sont appelées à fournir à la plante les éléments nécessaires à la production du fruit.

Le tronc et les branches concentrent, au contraire, les produits qui ne servent pas ou servent peu à la dite production. C'est pour cela que la chaux abonde en eux.

L'analyse des feuilles démontre que, dans la consommation annuelle, c'est toujours la potasse qui occupe le premier rang; viennent ensuite l'azote et la chaux.

D'après cela, l'engrais qui conviendrait le mieux à un sol supposé inerte serait un engrais ainsi composé, en prenant pour minimum 400 grammes comme dose pour chaque pied:

Acide phosphorique immédiatement
    assimilable. . . . . . 20 g^r
— lentement assimilable. . 6 —
Potasse . . . . . 56—
Chaux . . . . . . 76—

Azote . . . . . . , , . . 16 —

La potasse se trouve en quantité presque équivalente à la richesse des feuilles, la chaux excède presque du double les besoins de l'arbre; mais, comme elle est peu soluble, il faut avoir cet excédent, afin d'assurer sa provision. L'acide phosphorique excède un peu ce qui est nécessaire, mais ce n'est pas un mal, attendu que c'est l'élément qui favorise le plus la production du fruit. Enfin, l'azote ne figure que pour le quart de ce qui lui est nécessaire: mais on doit compter sur l'atmosphère pour approvisionner l'arbre des trois autres quarts.

Si nous avions la faculté d'analyser chimiquement notre sol, nous pourrions déduire des données précédentes quelles sont les substances qui lui manquent pour alimenter parfaitement le caféier; mais laplupart d'entre nous ne possédons ni l'expérience ni les instruments nécessaires pour faire exactement cette opération.

Je supposerai donc, le sol inerte et je ne retiendrai que les facultés pour le moment, physiques des terres, faciles à distinguer.

J'abandonnerai, d'autre part les engrais chimiques comme étant trop dispendieux et difficiles à se procurer dans nos régions et je m'efforcerai de constituer sur la plantation même les engrais qui lui sont nécessaires.

Les terres sablo- argilo-ferrugineuses s'échauffent facilement à cause de leur couleur foncée qui absorbe les rayons solaires; elles demandent des engrais froids.

Les terres granitiques, qui contiennent plus d'argile et de calcaire que les précédentes, préfèrent des fumiers chauds.

Les terres sablo-argileuses, des fumiers mixtes.

Le fumier de cheval est le plus chaud ; il fermente et se dessèche rapidement. L'arroser de temps à autre avec du purin.

Le fumier de bœuf et de vache est plus froid ; il agit plus lentement et plus régulièrement que le fumier de cheval.

Le fumier de mouton est encore un peu plus froid ; il est considéré comme le meilleur et agissant le plus lentement.

Le fumier de porc est riche et chaud, à la condition que l'animal soit bien nourri.

D'après Larbalétrier, un cheval donne par année de 6 à 8.000 kilos de fumier frais, une vache en stabulation de 12.000 à 15.000 kilos, un porc adulte de 1.200 à 2.500 kilos, un mouton adulte de 550 à 750 kilos.

Il n'y a pas de moutons en Annam ; leur élevage n'y est point préconisé à cause de la surabondance d'humidité pendant la saison pluvieuse.

Les autres animaux y étant bien moins vigoureux qu'en France, nous pouvons baisser les chiffres ci-dessus à

4.000 kilos pour un cheval
6.000 — pour une vache
400 — pour un porc

Le même auteur donne le moyen suivant de déterminer la quantité totale de fumier produite dans une exploitation « Le poids absolu de fumier frais que peut livrer une ferme s'obtient en recherchant la somme totale de matière sèche renfermée dans les litières et multipliant la somme trouvée par 4. »

Voici, déduite des expériences de Boussingault, la production approximative, par an, de nos animaux indigènes.

	CHEVAL	VACHE	porc
Carbone, Oxygène, Hydrogène	1139.k 20	1500.k.96	90 . k. 44
Azote .	32. 60	25. 80	3. 15
Acide phosphorique . . .	9. 28	12. 00	0. 83
Acide sulfurique. . . .	3. 12	6. 36	0. 94
Chlore.	3. 00	4. 50	0. 36
Potasse	27. 00	30. 48	6. 80
Soude.	1. 88	2. 22	—
Chaux.	24. 24	25. 08	0. 72
Magnésie , ...	10. 28	12. 48	0. 94
Silice	54, 80	71. 04	4. 50
Oxyde de fer et de manganèse	1. 60	1. 65	0. 11

Dans la plupart des exploitations, on emploie le fumier mixte composé des déjections ménagères. Il est difficile d'en donner la production annuelle qui dépend du nombre d'animaux de chaque espèce et de l'importance du train de maison. Mais nous pouvons toujours retenir que le fumier mixte est le plus riche en potasse et en acide phosphorique et qu'il est avantageux de diriger vers la fosse à fumier toutes les évacuations et balayures, tous les détritus et immondices.

Tout fumier, employé en quantité suffisante pour fournir au caféier l'acide phosphorique qui lui est nécessaire, lui donnera en outre, avec excès, la potasse et l'azote.

La chaux seule sera insuffisante, mais nous la trouverons partout sur place à un prix insignifiant (à Tourane, 68 centimes les 100 kos.).

De l'étude précédente, il résulte que le fumier d'un cheval additionné de 6 kós de chaux peut alimenter 357 caféiers; celui d'une vache, 461, en y ajoutant 2 k.os de chaux, et celui d'un porc, augmenté de 1 ko 600 de chaux, 32 caféiers.

Comme j'ai supposé la terre inerte, nous pouvons doubler ces quantités pour tenir compte des décompositions du sol et des apports de l'atmosphère, et obtenir ainsi, en chiffres ronds, que le fumier d'un cheval est suffisant pour engraisser 700 caféiers, celui d'une vache, 900, d'un porc 60, et conséquemment, qu'il faut 6 kos de fumier de cheval et de porc ou 7 kos de fumier de cheval pour entretenir un caféier dans des conditions modèles.

Calculer la quantité de fumier nécessaire d'après le nombre des caféiers qu'on possède et d'après les qualités physiques des terres, calculer de même le fumier que fournit le cheptel de l'exploitation, et se procurer le manquant dans les environs en l'achetant toute l'année aux enfants et aux indigents qui prendront bientôt l'habitude de cette petite industrie, n'offre plus rien de bien difficile .

Mes chiffres n'ont certainement pas la précision d'une opération mathématique basée sur des données rigoureusement exactes, mais les besoins de la plante ne sont pas non plus invariables, et l'approximation convergente des deux cas peut servir de base au planteur embarrassé qui veut fumer ses arbustes.

Je n'ai pas voulu démontrer davantage.

Il me reste à indiquer une bonne installation pour obtenir d'excellent fumier. Les écuries ou étables sont élevées sur un ou deux rangs en boxes, pour que les animaux n'y soient pas attachés, avec mangeoires et rateliers ; le sol bétonné est légèrement en pente pour l'écoulement facile des liquides. Un petit fossé bétonné normal aux boxes, reçoit ces liquides et les conduit dans la fosse à fumier qui se trouve à l'extrémité des boxes. Cette fosse est divisée en trois compartiments dont l'un, réservoir doublement profond, reçoit des autres l'excés des purins qui servira pendant les chaleurs à arroser les fumiers. Les déjections liquides amenées par le fossé pénètrent dans le 1er compartiment, humectent le fumier, passent dans le second au moyen d'une petite ouverture ménagée à la base du mur de séparation, y imbibent de même le fumier et tombent finalement dans le réservoir. Il va sans dire que la fosse à fumier complète doit être aussi bétonnée.

Les deux premiers compartiments servent à renverser les fumiers pour qu'il soient plus également mêlés et décomposés : telle est mon installation de Phong-Lé qui me donne des résultats très satisfaisants.

CHAPITRE V

LA GRAINE (Composition, Choix, Germination, Mise en terre)

COMPOSITION. — Si nous ouvrons une graine de Café débarrassée de son péricarpe, (1) nous la trouvons composée de trois parties bien distinctes :

1o L'*embryon*, petite plante possèdant déjà radicule (2) et tigelle (3), et se nourrissant en partie par imbibition d'une substance contenue dans deux organes d'apparence foliacée appelés cotylédons, lesquels sont insérés à la tigelle à la même hauteur et de côtés opposés.

2o L'*albumen*, substance cornée dans laquelle sont repliés les cotylédons et qui constitue la presque totalité du grain tel

---

1 Pulpe charnue rouge, qui recouvre le fruit
2 Première racine.
3 Tige naissante.

que nous le consommons. L'albumen con-
court, avec les cotylédons, à la nutrition de
la plantule. (4)

La nature prévoyante a voulu que l'albumen se trouvât dans le café en quantité
d'autant plus grande que les cotylédons
étaient plus minces et moins aptes à remplir
leur rôle nourricier (5).

Plus tard, cependant, quand la tigelle
devenue suffisamment vigoureuse, sortira
de terre, les cotylédons se transformeront
en feuilles dites cotylédonaires qui prendront à l'atmosphère pour les transmettre
à la plante les éléments nutritifs dont celle-
ci aura besoin. Puis viendront les feuilles
radiculaires (6), et les fenilles cotylédonaires, désormais inutiles à la plante, dis-
paraîtront.

3° Le *tégument*, enveloppe qui protège
l'embryon.

Choix. — Les végétaux transmettent par
hérédité à leurs descendants les qualités
qu'ils doivent aux soins dont ils ont été l'objet, ainsi que les défauts qui résultent de la
négligence dans laquelle on les a laissés.

Il n'est donc pas indifférent de choisir les
graines de reproduction sur les arbustes les
plus sains et les plus beaux. Parmi ces
graines, il faut de même choisir celles dont
la maturité est complète et qui sont parfaitement conformées.

---

4 Plante avant sa sortie de terre.
5 Certaines plantes, comme l'amande, sont, au
contraire, dépourvues d'albumen; les cotylédons
se composent alors de toute la masse charnue
du fruit.
6 Feuilles les plus rapprochées des racines,
hormis les cotylédons.

Il ne suffit pas que les graines soient grosses, il leur faut aussi un poids en rapport avec leur volume. Certaines graines dont les organes sont imparfaits ont à l'intérieur des vides remplis de gaz; ces graines, quand on les immerge, se maintiennent à la surface de l'eau. On les élimine en versant dans un récipient plein d'eau toutes les graines qu'on veut mettre en germination; elles tomberont plus vite au fond du vase.

Le fait que les graines provenant de pays ravagés par une maladie contagieuse serviraient de véhicule au fléau est encore controversé. Voici ma contribution à l'étude de cette soucieuse question.

Quand, en 1893, je suis allé à Java étudier sur place la culture et la préparation du Café, j'ai constaté avec anxiété que les plants de Libéria que j'avais reçus du jardin botanique de Saigon provenaient des plantations Chassériau à Singapore, et de Hensler à Johore, toutes deux atteintes par l'hémiléia vastatrix. La plantation Chassériau était même abandonnée.

M. de Hensler, qui m'a dit avoir envoyé des graines au jardin de Saigon, avait beaucoup d'arbres atteints, mais il espérait les sauver par des soins fortifiants tels que fumures et sarclages fréquents. Et, de fait sa plantation promettait une abondante récolte.

J'avais lu, d'autre part, que les parasites, champignons ou insectes microscopiques, n'éclosaient que dans les terres pauvres ou fatiguées, mais se propageaient ensuite indifféremment, exerçant cependant le plus de ravages sur les arbustes les plus frêles.

La plantation Chassériau a dû périr pour une de ces causes.

Dès mon arrivée à Buitenzorg, je fis part de mes craintes au savant Directeur du jardin botanique dont les champs d'essai sont de petites plantations, M. le Docteur Treub m'assura qu'il était difficile d'admettre le transport du germe par graine, si ce n'est tout à fait incidentel, comme par un vêtement ou tout autre objet; que l'hémileia se propageait certainement daus toute la région où il apparaissait, mais qu'il naissait surtout spontanément sous diverses influences locales.

Ses plantations n'en étaient pas exemptes, et certains arbres atteignaient 6 m. de haut, donnant de magnifiques récoltes annuelles.

M. Treub ne combattait pas non plus le parasite par des pulvérisations, mais par des soins particuliers donnés aux arbres.

Ayant une entière confiance dans ces renseignements émanant d'une source aussi autorisée, je rapportai de Buitenzorg des graines de Libéria qui sont devenues aujourd'hui des plants paraissant vigoureux et sains.

J'ajouterai qu'à Java, les autres caféiers plus délicats de formes, Java.Arabica, Bourbon, souffraient bien plus que le Libéria.

En livrant ces renseignements à la publicité, mon but n'est point d'engager mes camarades à rester indifférents devant les maladies parasitaires, mais de rassurer ceux qui auraient déjà reçu des graines de pays contaminés, tout en restant d'accord avec M Lepinte qui considère comme dangereux l'importation de ces giaines, d'autant plus qu'elle n'est pas indispensable, plusieurs planteurs pouvant en fournir sur place.

GERMINATION. — Les graines, avant la germination doivent leur léthargie à l'excès de carbone qu'elles contiennent. Pour leur donner la vie, c'est-à-dire pour les faire germer, il suffit de dissiper ces excés de carbone. c'est le rôte de l'eau, de la chaleur et de l'oxygène.

L'eau gonfle l'embryon qui déchire alors son tégument: la radicule sort la première, la tigelle, quelques jours après.

L'eau dissout aussi les éléments nutritifs solubles qui se trouvaient dans les cotylédons ou l'albumen et que la plantule ne pouvait absorber à l'état solide.

Alliée à la chaleur, elle favorise ensuite les réactions chimiques de ces mêmes éléments dans les proportions que demande la plantule.

L'oxygène de l'air absorbe le carbone en excès dans la plante.

Il est donc essentiellement nécessaire de faire germer les graines dans une terre meuble, poreuse, où l'eau et la chaleur puissent circuler et s'y renouveler.

On peut chauler les graines. La chaux, par son absorption avide d'acide carbonique, active l'émission de ce gaz, et par suite, la germination.

Les fruits choisis pour la reproduction étant encore recouverts de leur péricarpe, on les dépulpe en les pressant avec le talon puis on les lave à plusieurs eaux pour les débarrasser de leur enveloppe gommeuse.

On peut également les dépulper avec les dents, c'est le procédé employé dans les petites plantations de Java, et les Malaises le font avec une grande rapidité.

Puis on fait germer les graines par l'excellente méthode de stratification qui consiste à les disposer dans des caisses par couches alternant avec des lits de sable humide de cinq centimètres environ d'épaisseur: on entretient le sable dans un état constant d'humidité. Au bout d'un mois, les radicules commencent à sortir et les graines sont bonnes à mettre en terre

Dès que la graine a été mise en contact avec les éléments de la germination qui sont, comme nous venons de le voir, l'air la chaleur, elle sort et de sa léthargie, s'amollit et gonfle, puis, à son extrémité la plus mince appelée mycropile, elle se crevasse et laisse passer un organe blanchâtre, effilé, qui s'allonge peu à peu et se courbe pour pénétrer dans le sol, c'est là la radicule qui deviendra pivot.

MISE EN TERRE. — A ce moment, on peut mettre les graines en terre, radicule en bas, en ayant soin d'éliminer toutes celles qui auraient la radicule cassée.

Quinze jours après la mise en terre la graine s'est déchirée, et à l'autre extrémité apparaît un autre organe poussé au dehors par une force corrélative à celle qui meut la radicule. C'est la tigelle, qui se nourrit encore de l'albumen qui reste dans l'enveloppe de la graine et qu'elle a poussé devant elle hors de terre; mais dès que la radicule peut puiser sa nourriture dans le sol, l'enveloppe tombe, et les deux cotylédons se développent en forme de cœur, d'abord pâles, puis verdissent et s'affermissent, puis sont enfin remplacés par les feuilles radiculaires c'est à dire corrélatives au premier développement de la radicule.

Cette deuxième phase de la végétation du caféier exige une période d'environ un mois et demi depuis la mise en terre jusqu'à l'apparition des deux premières feuilles radiculaires.

Avant de continuer à suivre le caféier dans son développement, nous devons remarquer que les plantes forment par rapport à leurs racines, deux divisions. Chez les unes, la radicule s'enfonce en pivotant verticalement dansle sol jusqu'à une profondeur souvent de plusieurs mètres, et donne naissance à des radicelles qui s'échappent de la partie inférieure. Ces radicelles, très fines, emmêlées, peu longues relativement au pivot, sont appelées *chevelu*, et la racine principale, *pivot* ou racine pivotante.

Dans d'autres plantes, le pivot meurt presqu'à sa naissance, et des racines secondaires partent sans ordre, en tous sens du tronçon de pivot qui a survécu. Ces plantes sont dites à racines fasciculées ou traçantes.

Les racines pivotantes se développent donc perpendiculairement, les racines fasciculées, latéralement.

Le caféier est une plante à pivot.

Pour transformer une racine pivotante en racine fasciculée, il suffit de couper son pivot au moment de sa transplantation.

Cette opération peut être, suivant les cas, nuisible ou indispensable, et pour éviter des mécomptes, je ne saurais trop recommander d'observer les principes suivants :

Couper le pivot: 1o Dans les terrains en majeure partie argileux, où le pivot risquerait de se pourrir dans le sous-sol trop humide ;

2o Dans les terres quelconques dont la

couche arable serait de peu d'épaisseur et où le pivot pourrait se heurter au roc;

3o Facultativement, sur les plantations où la conservation du pivot n'est pas nécessaire, les racines fasciculées qui rayonnent à une faible profondeur trouvant une alimentation plus riche dans la couche arable superficielle.

CONSERVER LE PIVOT: dans les terres légères et profondes, généralement sablonneuses ou ferreuses, qui se dessèchent rapidement. Le pivot, aux époques de sécheresse, puisera dans le sous-sol, pour transmettre à la plante l'humidité qui lui sera nécessaire.

2o Sur les plantations exposées aux typhons. Les arbres à racine pivotante se laissent difficilement arracher et résistent mieux aux ouragans que leurs congénères à racines fasciculées.

Le caféier peut se transplanter au moins jusqu'à 4 ans; les plus anciens arbustes de ma plantation n'ayant que cet âge, je n'ai pu expérimenter au dela. Dans les expériences que j'ai faites, le caféier était chargé de boutons de fleurs; je n'ai rien élagué; les fleurs se sont ouvertes trois jours après la transplantation comme si l'arbuste n'avait pas été inquiété. Il m'avait suffi de laisser adhérente aux racines une couronne de terre d'environ 25 centimètres de rayon, et de combler le vide entre cette couronne et les parois du nouveau trou avec de la terre mélangée à poids égal de fumier.

Dans ces transplantations, la plante perd son pivot.

Si donc le sol peut accepter des arbustes sans pivot, l'intérêt du planteur sera de semer en pépinière ses graines à un intervalle de 30 centim. et de les y entretenir jusqu'à l'âge de 18 mois. En Annam, la récolte a lieu de février à juin. On peut semer en pépinière pendant cette période et ne transplanter que l'année suivante après les grandes pluies de septembre.

L'intérêt de cette opération est évident: il est beaucoup moins onéreux d'entretenir 1 100 caféiers en pépinière sur un are, qu'en place définitive sur un hectare.

En choisissant la saison propice, je garantis qu'un caféier, tut-il âgé de 3 ans, ne souffre nullement de la transplantation. Pour diverses causes dues à mon inexpérience du début, manque d'espacement, exposition aux vents du nord, etc, j'en ai déplacé environ 3.000 qui n'ont été aucunement incommodés.

J'ajouterai même qu'ils ont végété avec plus de vigueur, profitant du fumier nouvéau qui leur était donné.

Si le planteur désire conserver le pivot celui-ci étant très tenu et s'allongeant à peu près en proportion égale de l'élévation de la tige, il sera nécessaire de mettre en place les jeunes plants dès les pluies de la première année, alors qu'ils seront seulement âgés de 3 à 5 mois et qu'ils n'auront que 2 ou 3 paires de feuilles.

Fumer les pépinières, les garantir du soleil et de la sécheresse par abris et de l'arrosage, les délivrer des mauvaises herbes, des courtilières et des chenilles, tels sont les soins constants à leur donner.

Les premières années, mes abris étaient mobiles, et je les faisais enlever tous les soirs pour que les plants puissent recevoir librement l'air et la rosée.

Mais ce système excellent coûtait trop cher. J'ai depuis expérimenté des abris fixes qui m'ont donné de bons résultats. Il faut avoir soin de les élever au moins à 1 mètre 5o de hauteur, à 2 mètres même, pour que l'air circule dessous librement, et qu'on puisse arroser sans difficulté. On tiendra compte de ce que les plants ayant végété constamment à l'ombre, supporteraient péniblement une transplantation brusque à l'air libre et au soleil possible; c'est donc surtout pour ceux-là qu'il sera nécessaire de choisir un temps couvert, crachinant, pour les mettre en place, et si le soleil venait trop brusquement quelques jours après cette opération, les en abriter par du feuillage.

Il est possible aussi de mettre les graines germées en place sans les faire transiter par la pépinière: c'est même le plus sûr moyen de conserver le pivot aux arbustes. Dans ce cas, il faut ameublir et fumer soigneusement la terre des trous et y semer trois graines et donner à chaque individu les mêmes soins que réclame la collectivité en pépinière.

Les plants doubles serviront à combler les vides qui se feront inévitablement, la plantule ayant à lutter contre une foule d'ennemis dont les plus acharnés sont les courtilières dont j'ai parlé longuement dans mon étude sur le thé d'Annam. Je répéterai ici que les procédés indiqués dans les ouvrages spéciaux pour combattre la courtilière sont tous imparfaits et que nous en sommes réduits à faire à cet orthoptère une chasse individuelle qui consiste à verser de l'eau dans ses galeries jusqu'à ce qu'il soit submergé et obligé d'en sortir.

Espacement. — Quelle que soit l'époque de la mise en place définitive des graines ou plants, on doit préparer les trous à l'avance quinze jours, un mois et davantage, quand c'est possible pour permettre aux élé-

ments fertilisants de l'atmosphère d'y pénétrer.

L'espacement des trous diffère suivant la
race des caféiers, l'exposition du terrain,
les maxima de température du lieu.

Le libéria, qui peut atteindre 6 ^{m} de haut
et un développement de 4 ^{m} de diamètre,
demande des espacements de 3 à 4 mètres, l'arabica et ses similaires, de 2 mètres.

Si l'on n'a pu éviter l'exposition aux vents
violents, il faut planter plus serré pour que
les rameaux des arbustes s'entrelacent et
forment des haies qui résisteront mieux.

Il en sera de même pour les régions exposées à des soleils ardents. Les arbustes
serrés s'ombrageront mutuellement. Mais
l'air y circule plus difficilement et il vaudra
mieux, toutes les fois que ce sera possible,
laisser à l'arbuste son développement normal.

La plantation doit être faite en quinconce.
Cette formation répartit également les es-
paces libres entre chaque arbuste,

Il suffit, pour l'obtenir, après avoir me-
suré les espacements du 1er rang, de prendre le point de départ du 2e rang sur une
ligne perpendiculaire au milieu de l'espacement des 2 premiers caféiers pour continuer
à mesurer de la même façon que pour le
1er rang. Le 3e rang reviendra symétrique
au 1er, le 4e au 2e, le 5e au 1er et au 3e, le
6e au 4e et au 2e, et ainsi de suite.

OMBRAGES. — En Annam, où le soleil est
très ardent, de mai à fin août, les ombrages sont absolument nécessaires. Si l'on
en avait le loisir, il faudrait planter, une
année avant la mise en place, des arbres
d'ombrage à pivot, croissant vite, à feuilla-

ge léger se repliant le soir, tels qu'albiz-
zias et acacias.

L'abizzia moluccana employé à Java se
développe avec une rapidité prodigieuse,
mais se casse au moindre ouragan. L'acacia
Lebeck, ou bois noir, le cedrata odorata, ou a-
cajou amer, les grewias, sont les meilleurs
arbres à employer. A défaut, j'ai planté le
lilas ordinaire du Japon, très répandu, qui se
reproduit de boutures. Ses feuilles ne se re-
plient pas le soir, mais il a une qualité autre: à la saison hibernale, alors que les arbustes n'ont plus besoin d'ombrage, il perd
ses feuilles, donnant ainsi le plein air à la
plante. Puis il reverdit au retour des chaleurs.

Dans beaucoup de lieux, nous possédons
un grewia dont les feuilles relativement petites tamisent parfaitement le soleil et qui
atteint en deux ans une dimension suffisante pour abriter les plus forts caféiers. Il
vient spontanément sur ma plantation, grâ-
ce aux milliers de graines très ténues
apportées par les vents et les oiseaux.

J'ai essayé, l'an dernier, sans obtenir un
résultat satisfaisant, des pépinières et des
bouturages; mais je pense qu'avec de la
persévérance et de l'observation, on fixe-
rait la reproduction de cet arbre indigène,
précieux comme ombrage.

Les jaquiers et les manguiers ont des racines très fortes et étendues et un feuillage
trop épais, qui nuisent au développement
des caféiers.

Dans les terres suffisamment fraîches, subs-
tantielles et abritées pour recevoir des arêquiers, la plantation à rendement maximum
que je viens d'essayer également est la suivante : mettre en place après les grandes pluies, caféiers à 3 mètres en quinconce, arêquiers

d'au moins 2 ans à la même distance entre
chaque ligne de caféiers, un bananier entre
chaque caféier et chaque bananier, de sor-
tequ'un Hectare représente 1100 caféiers,
1100 arêquiers 2200 bananiers. Ces derniers
protègent les arêquiers et les caféiers pendant les deux premières années de plantation: on enlève ensuite les bananiers, et les
arêquiers suffisent à ombrager les caféiers.

L'un et l'autre rapportent des produits
fort rémunérateurs sans qu'ils se soient
nui dans leur espacements.

L'utilité du bananier comme arbre
d'ombrage est très controversée.

J'ai eu la faveur de copier un manuscrit
sans signature qui donne l'excellente description suivante des avantages du bananier; je regrette de ne pouvoir donner le nom
de l'auteur.

« De tous les végétaux, celui dont l'emploi peut donner des meilleurs résultats
dans les régions chaudes est le bananier.
Dans une tournée, j'ai constaté que les plus
beaux caféiers étaient ceux qui avoisinent
les bananiers. Cela tient à diverses causes,
la première, à ce que le bananier émet un
grand nombre de racines fort ténues qui
s'étendent dans le sous-sol, le divisent, le
rendent perméable, ce qui favorise l'exten-
sion de celles du caféier, et, par leur décomposition successive, créent un engrais
dont profite ce dernier. Ensuite, le bananier par sa contexture et le rôle qu'il joue
dans l'atmosphère exerce une influence
remarquable sur tout ce qui l'avoisine. Par
son ombrage et l'étendue de son feuillage,
il crée un obstacle permanent à l'évapora-
tion du sol et y entretient une fraîcheur
constante, avantage inappréciable dans les

terres chaudes et exposées à la sécherese,
On a remarqué que dans la saison sèche
quand tout est grillé, que le sol abrité par
les bananiers jouissait d'une certaine traî-
cheur, et que les herbes qu'on y rencon-
trait étaient vertes; on aurait pu croirequ'il
avait plu: c'est en effet ce qui a lieu.

C'est dû au rayonnement nocturne des
feuilles vers l'espace céleste. Ces feuilles
dont l étendue en surface est considérable
se refroidissent durant les nuits sereines e t
étoilées, fort communes ici,de quelques degrés au dessous de la température de l'air
ambiant, condensant les vaepurs aqueuses
contenues dans l'atmosphère. et versent au
pied de la plante l'eau qui résulte de cette
condensation.» (1)

*I l faut entourer chaque plant d'autant
de sollicitude qu'un enfant;* et, pour cela,
empêcher les mauvaises herbes, en pous·
sant à son pied, de lui ravir sa subsistance.
Ces mauvaises herbes arrachées, les repla-
cer au pied pour conserver de la fraîcheur
à la terre et éviter le dessèchement de
l'humus. Visiter plus tard le dessous de ces
mauvaises herbes qui devient un réceptacle
d'insectes nuisibles, souvent de fourmis
blanches, poux de bois, surtout quand des
brindilles y sont mélangées. Ces herbes sè-
ches sont parfois recherchées par des pa-
pillons qui y déposent des larves parasites
du caféier. D'autre part, ces herbes conservent au sol la fraîcheur indispensable au
chevolu des racines qui se développe presqu au ras du sol, et elles augmentent aussi

---

(1) Le même manuscrit cite à plusieurs reprises
les opinions de Boussingault, cette description
pourrait bien être de l'illustre savant.

la quantité d'humus par leur décomposition. Exercer une surveillance constante
sur les feuilles, la tige et les rameaux,
assaillis par des chenilles, sauterelles, mouches, araignées, parasites microscopiques
animaux et végétaux.

Et il faut étendre cette surveillance aux
arbres d'ombrage qui peuvent devenir des
causes d'engendrement et de multiplication
des parasites dangereux.

Ainsi les grewias que je préconisais au
commencement de cette étude ont à l'heure présente disparu de ma plantation. J'ai
dû les faire abattre et brûler parcequ'ils ser-
vaient d'asiles de prédilection au borer.

Tandis que sur mes caféiers, le nombre
des borers était de un pour deux mille branches, sur les grewias il atteignait les proportions de un pour quinze branchettes.

D'après Raoul, le borer dépose sa larve
dans le canal médullaire de l'arbuste qu'il a
percé et rongé et se métamorphose en une
sorte de guêpe.

Basset dit que cet insecte pond ses œufs
sur les jeunes pousses et le signale, après sa
chrysalide, comme un petit papillon grisâ-
tre.

J'ai remarqué, les années précédentes, les
trous du borer en avril; mais, ne connaissant
pas exactement ce dangereux parasite dans
ses métamorphoses, je n'ai pu encore sur-
prendre l'évolution complète. Comme on le
détruit individuellement avec facilité, c'est
surtout à l'espèce, aux larves qu'il faudrait
livrer une guerre à outrance.

Je fais appel à ceux de mes compatriotes
qui se vouent avec désintéressement à la
vulgarisation des moyens de colonisation
agricole pour répondre aux questions sui-

vantes :

1o Quelle est la dernière transformation du borer ?

2o Où dépose-t-il ses larves?

2o A quelle saison, et sous quelle influence météorologique?

Voici les moyens que j'emploie pour tuer l'individu. Aussitôt qu'il est signalé, je prépare une solution d'eau saturée de sulfate de cuivre; un indigène exercé visite consciencieusement tous les arbustes, et introduit dans les trous une aiguillette de bambou qui perce le borer, lance immédiatement à la suite, au moyen d'une seringue à oreille effilée, la solution que je lui ai remise et qui, brûlant les chairs vives du borer, le tue infailliblement.

Il faut avoir un soin scrupuleux de bien piquer le trou par un va et vient jusqu'à ce qu'on observe au bout de l'aiguilette des substances séreuses provenant de l'animal.

Au cas où l'opérateur ne serait pas sûr d'avoir perforé le borer, il plante près de l'arbuste une lamelle de bambou portant un carré de papier ou d'étoffe dans une fente pratiquée au sommet. A l'aide de cette mire de repère, il réitère l'opération deux jours de suite.

Dans la plupart des cas, l'arbre continue à végéter normalement avec un enflement sur les côtés latéraux du trou, mais il résiste mal aux vents.

Une autre maladie à surveiller, la plus désastreuse de toutes, est l'hémileia vastatrix. C'est un champignon microscopique dont le mycelium se développe dans la chlorophylle des feuilles, affecte tout d'abord le dessous de celles-ci sur une petite tache jaunâtre, couverte d'une moisis-

sure excessivement fine, mais assez pondé-
rable cependant pour que la tâche de-
vienne bien plus lisse à la vue après y
avoir passé le doigt. Le dessus de la feuille
se tache ensuite mais sans moisissure au
point correspondant.

Le centre de la tache noircit et se dé-
nude, et ses bords s'élargissent. D'autres
taches semblables se produisent à différents
endroits, détruisant toujours le parenchyme; la feuille périt et tombe.

Les taches gagnent peu à peu toutes les
autres feuilles. Les autres parties de l'arbuste restant saines, les fruits mûrissent encore partout où ils sont un peu abrités par des
feuilles. Dès que celles-ci tombent, il en
pousse de plus en plus petites, surtout aux
extrémités des branches, puis elles sont atteintes à leur tour: toute la sève s'épuise à
cette production incesssante de nouvelles
feuilles qui sont de plus en plus chétives;
les branches se dessèchent et l'arbuste, ayant
perdu tous ses organes respiratoires, périt
à son tour fatalement.

Je suis resté toute une journée, à Singapore, sur la plantation Chasseriau que j'ai
trouvée complètement abandonnée. L'hemileia vastatrix y exerçait à son aise ses
ravages, et j'ai pu en étudier la marche.

J'ai visité ensuite la plantation de M. de
Hensler à Johore, puis quelques plantations
de Java: les symptômes étaient partout iden-
tiques.

Mais, tandis que la plantation de Singapore reposait sur sol calcaire, peu fertile, les
autres avaient été créées sur des terres riches, profondes, et leurs caféiers, robustes
résistaient au mal.

La plus grande partie des arbustes de M.

de Hensler, âgés de 7 ans, produisaient de 1 à 2 kilogs de graines préparées. Leurs branches basses couvraient parfois le sol sur un rayon de 2 à 3 mètres, les rameaux disparaissaient sous les fruits. A côté pourtant d'arbres vigoureux, se trouvaient des congénéres souffreteux, au feuillage raréfié; M. de Hensler comptait régénérer sa plantation par des sarclages, fumures, élagages.

Les cafés délicats cultivés à Java résistaient mal à l'hémileia. Le Libéria seul n'en souffrait pas trop. J'ai vu au Jardin de Buitenzorg, un Libéria 6 mètres de haut, malade depuis 6 ans, donnant toujours ses récoltes habituelles. Une graine de cet arbre avait été plantée à son pied trois ans auparavant, le produit n'était pas encore malade.

On ne combattait pas l'hémileia par des aspersions, on se contentait de mieux soigner les arbustes.

La mort de l'arbre n'est cependant qu'une conséquence de la chute perpétuelle de ses feuilles.

Ce n'est donc pas, je crois, à la tige ni aux racines qui sont saines qu'il faut s'attaquer, mais aux feuilles, réceptacles du germe, et s'efforcer de faire périr ce germe avant, et quand ce n'est plus possible, après son éclosion.

M. Du Buisson a expérimenté à la Réunion la formule préventive suivante de l'hémileia ses arbustes non encore contaminés ;

Sulfate de cuivre 250 grammes.
Chaux 500 grammes.
Eau 100 litres.

La quantité de sulfate de cuivre dans cette formule paraissait minime à M. Balansa qui lui préférait la bouillie bordelaise :

Sulfate de cuivre   2 kilogs.
Chaux vive   0.500
Eau —   100 litres.

« On doit verser le lait de chaux dans la dissolution de sulfate de cuivre (et ne pas faire l'inverse) jusqu'à ce que la teinte bleue caractéristique apparaisse, et, ce faisant brasser avec un bâton.

« La formule suivante, dite du saccharate de cuivre. a, parait-il, donné des résultats encore supérieurs à la bouillie bordelaise ;

2 kilos de sulfate de cuivre dissous dans 15 litres d'eau ;

3 kilos de cristaux de soude projetés dans cette dissolution.

«Lorsque la précipitation du cuivre est faite à l'état de carbonate de cuivre, on ajoute de 200 à 500 grammes de mélasse ou de sucre, suivant que l'on veut dissoudre plus ou moins de cuivre: la partie non dissoute sert à prolonger l'action.

«On laisse infuser 24 heures et on ajoute 85 litres d'eau. » (1).

J'ai expérimenté plusieurs formules préventives et je me suis définitivement arrêté à celle-ci:

Sulfate de cuivre, I kilog;
Chaux, 0 k, 500;
Eau 100 litres.

Pour que le mélange adhère bien aux feuilles, ou peut ajouter 100 grammes de mélasse ou de sucre.

L'hemileia se propage par des spores (2) qu'il peut émettre consécutivement pendant deux mois. Ces spores ne se développent

---

(1) Bull de la S. G. G.
(2). — Corpuscule reproducteur de mousses

qu'après avoir été submergées pendant deux
heures au moins par l'eau de pluie.

Lorsque la propulsion est préventive et
qu'on peut choisir l'époque, il me semble préférable de procéder à cette opération au
commencement de la petite saison sèche,
pour l'Annam dans les premiers jours de février. Les feuilles restent ainsi imprégnées
de pulvérisations bleuâtres jusqu'aux orages
d'avril; et le ciel étant presque toujours
couvert, elles ne souffrent pas trop du contact de ce mélange qui est desséchant.

Il serait peut-être bon de renouveler l'expérience pendant l'accalmie qui succède
aux grandes pluies de septembre, pour stéri-
liser les spores qui se seraient développées
dans les jeunes feuilles encore enroulées lors
de la première propulsion, et qui n'auraient
été, pour cette cause, qu'imparfaitement ar-
rosées par le mélange cuprifère. C'est plus
particulièrement dans ces feuilles que
se développe l'hémileia, parce qu'étant
moins lisses que les adultes, elles retiennent
plus longtemps les gouttelettes d'eau de
pluie.

Je suis très-content des propulseurs que
m'ont envoyés la maison Pilter, 24, rue Al-
bert, à Paris, et la maison Japy, de Beau-
court (territoire de Belfort). Le premier
coûte 36 francs, le second 19 francs 25.

Un autre parasite dont la présence a été
constatée aussi dans les caféières d'Indo-
Chine est le licanium nigrum, coccus vulgai-
rement appelé puceron. Il est facile à détruire, et ses dégâts ne sont pas considéra-
bles. Il s'implante sur les jeunes pousses et
s'y multiplie au point qu'il arrive à les
recouvrir entièrement. Il est d'aspect noirâ-
tre, de la grosseur d'une lentille, mais de

forme hémisphérique, la partie plane collée
à l'écorce.

Le puceron secrète une substance re-
cherchée par les fourmis qui sont bientôt
très nombreuses sur le même arbuste.
Pour faire disparaître tous ces parasites,
un coolie lave les feuilles et les tiges atteintes avec un chiffon imbibé d'eau de tabac.

La feuille du caféier est encore attaquée
par un élachiste, élachista coffeella dont
la larve, nous enseignent Guerin, Mennevil-
le et Perrotet, ronge le parenchyme pendant quinze ou vingt jours, puis parvenue
alors au terme de sa croissance, après
avoir creusé des sortes de galeries dans
l'intérieur des feuilles du caféier, elle détruit l'un des côtés de l'épiderme, sort de
sa retraite et se file, au dessus ou au dessous
une petite tente blanche, formée de fils
obliquement entrecroisés, au centre de laquelle elle se construit, dans l'espace de
moins d'un jour, un petit cocon blanc en
ovale allongé. C'est dans cette demeure
qu'elle subit sa métamorphose en chrysalide, et le papillon parfait en sort au bout de
six jours, s'accouple et pond des œufs, qui
écloront sept ou huit jours plus tard et ré-
péteront la même évolution.

Le papillon est petit, blanc, nocturne.
On peut le détruire en allumant de grands
feux, la nuit, sur les plantations, à l'époque
des métamorphoses, et s'il pleut, en secou-
ant les caféiers.

En dessous de ces fléaux parasitaires,
d'autant plus dangereux qu'ils sont plus
microscopiques, je dois encore signaler à
la vigilance des planteurs, des sauterelles et
des chenilles dont quelques unes pren-

nent la couleur du support momentané,
vert ou gris suivant qu'il est feuille ou tige,
des mouches vertes et guêpes, des insectes
dépourvus d'ailes, verts, au corps dur, qui
se laissent tomber à terre dès qu'ils se voient
découverts, une certaine araignée surtout
qui se laisse tomber également à terre, sont
autant de parasites moins nombreux que
ceux que j'ai signalés plus haut, mais qui
contribuent tous à l'affaiblissement de la
plante, en vivant à ses dépens.

La chasse individuelle aux larves et papil-
lons, la protection aux oiseaux et lézards,
sont les seuls moyens pour nous en débarrasser

Un gros ver blanc ronge aussi le pivot à
son collet, et, comme son travail est sou-
terrain, on ne peut constater le mal que
lorsqu'il est fait.

Cette larve est le plus souvent apportée
par les fumiers. Avant de les enfouir au
pied des caféiers, il faut donc rechercher
s'ils ne contiennent pas de vers blanc.

Les fourmis rouges et blanches, les
poux de bois, attaquent es racines et quelquefois la tige. La présence de ces insectes
est facile à reconnaître par les creusements
et les soulèvements superficiels qu'il pra-
tiquent sous le caféier.

Des soins de propreté reitérés, de la chaux
mélangée à la terre des racines, des arrosements d'eau de tabac ou de pétrole les font
généralement disparaître.

Les arbustes ont aussi à lutter contre
les intempéries qui inquiètent leur stabilité,
les pléthorent ou les anémient d'eau, de
chaleur, de lumière tout en altérant, les
qualités physiques et chimiques du sol.

C'est à rectifier les écarts atmosphèriques et à maintenir l'équilibre dans la végètation de nos caféiers que nous dépensons le plus d'énergie et nous créons le plus de soucis.

J'espère être utile à mes futurs confrères en leur indiquant ci-dessous les travaux à exécuter, chaque mois, en Annam central, dans une caféière.

Janvier

Au 1er janvier la mise en terre de plants quelconques doit être arrêtée ; c'est l'extrême date pour les transplantations. Il faut laisser aux racines le temps d'adhérer à leur nouvelle terre et de reprendre leur cheminement, ce qui ne peut se faire que par une série de jours pluvieux. Or, si le mois de janvier est encore quelquefois, mais rarement, pluvieux, les mois de février et mars sont toujours secs et le plus souvent chauds.

Dans ce mois, on échenille, on sarcle les herbes qui gênent les arbustes et se nourrissent à leur dépens; on met en bon état pour l'année, le jardin d'agrément et la maison d'habitation; ou consolide les travaux de défense; on répare les routes. Le Têt ou nouvel an annamite tombe du 15 janvier au 15 février, et les coolies restent, à cette époque, un mois sans reprendre leurs habitudes de travail.

Février

Commencer à fumer, à rechercher les trous du borer, continuer à écheniller, voir si les pépiniéres ont besoin d'ombrage et d'arrosage, élaguer sur les arbres d'ombrage les branches inutiles, planter du manioc à quel-

que distance des caféiers nouvellement mis
en place:ce manioc formera parasol pendant
les chaleurs de mai, juin et juillet; je dis à
quelque distance, parce que les racines sont
très envahissantes.

Si le mois est beau,après quelques jours de
soleil,les baies rougissent,les arbres fleurissent; éviter de heurter les fleurs qui durent
à peine deux jours et qui ne noueraient pas
si elles étaient dérangées.

Mars

Le borer et en pleine œuvre de destruc-
tion. Redoubler de vigilance ; il faut le tuer
avant qu'il ne sorte pour muer et pondre.
Les approches du changement de mousson
causent quelquefois du mauvais temps, pré-
cédé de coups de chaleur inaccoutumée.
Les grands caféiers peuvent souffrir de ces
coups de chaleur, mais ne pas s'en inquié-
ter outre mesure: ce n'est qu'une affaire de
jours, le renversement de la mousson
amenant incessamment des pluies.

Faire la cueillette selon le degré de maturité des graines qui doivent être au moins
d'un rouge vif, et choisir les plus belles
pour les mettre aussitôt en germination.
Elles reformeront les pépinières qui doivent
toujours être garnies soit pour agrandir les
terres exploitées, soit pour remplacer les
arbustes morts ou souffreteux.

Les graines sont bonnes à cueillir environ un an après la floraison.

Les hannetons exercent leurs plus grands
ravages pendant le mois de mars, mais ils
sont moins nombreux qu'en France.

On peut aussi asperger les arbustes pour
les garantir de l'hemiléia.

Avril

Le temps est généralement favorable et la végétation très belle. Les caf iers fleurissent et murissent encore. Dans les plantations qui ont besoin d'arrosage en été, préparer les pompes et manèges ; installer les abris artificiels si les arbres d'ombrage ne sont pas suffisants pour les jeunes plants.

On trouve des feuilles de cai-ché-là, que j'ai signalées déjà au chapitre 1ᵉʳ, aux environs de toutes les plantations.

Commencer les défrichements dans les nouvelles terres.

Mai, Juin, Juillet

Chaleurs torrides, de 30 à 34° à l'ombre. Le planteur doit, pendant ces trois mois, se multiplier pour sauver ses arbres, les visiter tous les jours, repérer ceux qui souffrent pour qu'ils reçoivent un traitement spécial. Profiter que la sève est arrêtée pour couper les gourmands. Ce sont les branches qui poussent dans une direction sensiblement parallèle à la tige ou à une branche. Elles croissent au pied de l'arbre ou à l'aisselle des branches à fruit qui sont obliques. Les vraies branches à fruit naissent au sommet de l'arbuste ou à l'extrêmité des branches.

Après un orage, faire remuer légèrement la terre à la houe, pour permettre aux agents atmosphériques d'y pénétrer.

Commencer à préparer les trous pour les transplantations de septembre. Ce travail peut se faire à forfait, deux cents trous pour une piastre. On dispose des piquets à la naissance des lignes et l'on donne aux travailleurs une ficelle et un bambou, celui-ci d'une longueur égale à l'espacement des trous. Si cet espacement est égal à l'écartement des lignes, il n'est pas besoin de piquetage préalable.

Si les arbustes doivent conserver leur pivot, faire les trous de 1 m. de profondeur sur 0 m. 60 de diamètre; si le pivot doit être coupé, donner 0 m. 60 de profondeur et 1 m. de diamètre.

La terre sera ainsi ameublie pour 2 ans dans l'aire des racines qui se développeront plus rapidement.

Exécuter ces travaux après les orages alors que la terre est un peu détrempée.

Exposer tous les jours la récolte au soleil.

Août

C'est le dernier mois de sécheresse. Parfois les grandes pluies commencent aux derniers jours. Préparer les canaux de drainage. On peut, entre chaque caféier, creuser un fossé de 0 m. 20 de profond et de largueur, qui se prolonge jusqu'à mi-chemin de la ligne voisine. On enfouit le fumier et les sarclages dans ces fossés qui servent également à retenir les pluies d'orages et à arrêter les grandes pluies qui dégraderaient le sol si l'on n'avait soin de les arrêter dans leur fuite.

Si l'on ne doit pas conserver plus d'une année les grains récoltés, les livrer au commerce pour leur éviter la saison des pluies, dont l'humidité pénètre dans les magasins les mieux conditionnés.

Septembre

Immédiatement après la première série de grandes pluies, mettre en place les caféiers de la pépinière, mêler un tiers de fumier consommé à la terre des trous. Suspendre tous autres travaux et y occuper tous les coolies disponibles. Si l'on y interligne des arêquiers, faire deux équipes.

Ces arbustes étant transplantés au début de la saison fraîche seront bien plus robustes pour résister à la sècheresse de de l'année suivante.

Surveiller scrupuleusement la transplantation des caféiers et ne pas se lasser de recommander aux coolies planteurs de ne pas courber le pivot, un caféier à pivot recourbé sera toujours maladif, souvent condammé à mort vers sa troisième année. On peut r dresser le pivot en collant la motte du plant contre une paroi du trou et remplissant doucement celui-ci à la main jusqu'à ce que le pivot soit maintenu droit. S'il est recourbé par sa végétation antérieure, ie couper au sécateur ; il sera remplacé par du chevelu.

Octobre

Continuer les transplantations de caféiers et d'arêquiers. On achète ceux ci sur place, âgés de 2 à 3 ans, de 5 à 10 piastres le 100, puis on les envoie chercher au moment favorable.

S'il survient des jours de soleil, suspendre les transplantations et abriter par du feuillage les jeunes plants mis en place.

Si l'on a planté l'année précédente des bananiers de chaque coté du trou destiné à recevoir un arêquier, la plantation se trouvera suffisamment ombragée. Veiller sur les courtilières qui, trouvant le sol meuble, ont bientôt choisi les pieds des arbustes comme domicile et s'exercent la nuit à leur couper la tête. — Visiter, après chaque pluie. toute la plantati n pour réparer immédiatement les dégâts des eaux sur le sol.

Novembre

On peut encore planter des cafés et arecs, mais il est préférable de terminer avant le 1er novembre. Nous avons, comme en France, un été de la Saint-Martin, et les plants ont souvent besoin d'abris. Comme pronostics, le temps est beau pendant les pleines lunes, pluvieux du dernier au premier quartier.

Les vents peuvent souffler avec violence; s'ils déplacent des arbustes, les redresser de suite pendant que les racines peuvent se mouvoir dans la terre mouillée.

Planter les arbres d'ombrage et les lizières pour les caféiers de l'année suivante. Les lizières sont des lignes d'arbres espacées aux distances d'action du vent. Le bambou est excellent, mais il ne pousse bien que dans les terres un peu humides.

Remplacer aussi les arbres divers morts de la plantation et augmenter les arbres d'ombrage si c'est nécessaire.

Décembre

Même travail qu'en novembre. Un sarclage est devenu indispensable. Réparer les routes.

Les grandes pluies sont finies.

RÉCOLTE

Pour évaluer le travail d'un cueilleur, les barêmes et comptes courants faits sous d'autres cieux avec d'autres travailleurs payés de monnaies différentes pour récolter des cafés divers ne serviraient à rien. Faire travailler sous une surveillance absolue pendant un jour quelques cueilleurs (de préférence cueilleuses:elles sont plus délicates et abîment moins les arbres), calculer la moyenne d'une cueillette journalière par individu et payer ensuite à la tâche un prix relatif; le coolie actif y trouvera son profit.

Après avoir séparé les meilleures graines pour les faire germer. on peut ou dépulper les autres ou les faire sécher avec leur péricarpe. Si on les dépulpe fraîches, ce travail se fait à la tâche par des femmes et des enfants qui n'emploient que leur mâchoire comme instrument de broyage. Je les ai vus à Java dépulper ainsi avec une grande habileté.

On entasse les graines aussitôt après dans des récipients recouverts. et on les laisse ferm nter deux jours.

Puis on les lave à l'eau plus ou moins courante, suivant l'ingéniosité de chacun et la situation de la plantation par rapport à l'eau. On peut, à la rigueur, les brasser dans des cuves dont on change l'eau plusieurs fois. Pour avoir de l'eau courante, il suffit de laisser s'échapper par le bas de la cuve qui contient les graines, une quantité d'eau égale à celle qui vient d'une autre installée à niveau supérieur. Cette opération a pour but d'enlever le mucilage dont la graine est recouverte.

On étale ensuite le café sur des séchoirs qui peuvent être des plans inclinés cimentés ou *glacis*, des paniers circulaires et plats ou de simples nattes. Ces paniers sont souvent montés sur des trèteaux à roulettes pour être rentrés rapidement, en cas d'orage, sous un hangar voisin.

Quelquefois c'est le séchoir qui est recouvert d'un toit mobile, lequel est baissé aux approches de l'orage, et l'eau s'éloigne dans une rigole cimentée.

Ces installations ne se vendent pas toutes faites, on les crée avec les moyens locaux qui sont tous bons, pourvu qu'on obtienne le résultat cherché qui est de faire sécher le café au soleil et, par conséquent, de lui éviter le contact immédiat du sol et la surprise des averses.

Quand la plantation devient importante, on achète une machine à dépulper dont le prix varie de 500 à 2000 piastres.

Après le séchage, le café se trouve encore recouvert d'une peau appelée *parche* ou *parchemin*. On l'enlève par une légère brisure des grains avec un pilon et un mortier qui peuvent être semblables à ceux qui servent à battre le riz.

A Java, l'entourage de ces mortiers est en vannerie à claire-voie qui empêche les grains de sauter et laisse s'échapper les brisures de parche ; le fond seul est en bois.

Ces déparcheurs peuvent être actionnés à bras comme en Annam ou avec les pieds, le poids du corps soulevant un levier mobile autour d'un axe et terminé par le pilon, comme en Chine.

Le produit du déparchage passe ensuite au tarare, puis dans différents cribles qui trient le café en trois qualités : 1o grains gros et bien formés ; 2o grains moyens ou légèrement déformés, 3o grains mal venus, insolés ou cueillis avant maturité, ou cassés pendant la préparation.

Le café peut alors être livré au commerce dans des enveloppes qui varient avec les moyens locaux, sacs en jute, toile, barils, nattes, rotins.

Pour nous qui subissons une humidité et élévation de frêt anormales il nous faut des enveloppes légères et imperméables: les industries de jute qui vont se créer auront à tenir compte de nos besoins.

Quand le café doit être dépulpé sec, on l'étale aux séchoirs dès qu'il est cueilli; mais dans cet état il exige plus de temps pour sécher et il se bonifierait beaucoup si on pouvait le conserver deux ans.

Au moment de l'expédier, il est dépulpé et déparché par une seule opération identique au déparchage du grain dépulpé frais,

L'industrie fabrique des dépulpeurs pour grains secs.

. . . .

. . . .

Ceux de mes compatriotes qui auront bien voulu me lire — j'allais dire m'écouter — sont maintenant aussi instruits que moi. Je leur donnerai, pour terminer, quelques indications sur la recherche et l'utilisation des eaux; mais je leur rappelle que ce n'est pas une œuvre didactique que j'ai entendu publier, seulement une synthèse de mon journal d'exploitation, en une longue causerie, avec ses imperfections et ses soubresauts, qui eut pu être étendue ou écourtée, dont certains points seront infirmés ou corroborés par de nouvelles expériences, mais qui, je l'espère rendra, quelques services aux planteurs de café.

NOTES D'HYDROSCOPIE

Les couches imperméables de l'intérieur de la terre ont une configuration sensiblement identique à la superficie du sol, et les eaux de pluie suivent à travers les couches perméables intermédiaires à peu près les mêmes directions que celles qui s'écoulent à la surface.

Quelquefois les couches imperméables ondulent ou se relèvent en une seule courbe; on peut en rencontrer aussi deux qui cheminent parallélement. L'eau de pluie pénétre alors dans la couche perméable intermédiaire par ses issues sur le sol superficiel, s'emmagasine et exerce une pression contre les parois imperméables.; si l'on perce la première de celles-ci, on obtient un puits artésien.

Dans chaque dépression du sol, de la vallée à la simple ravine, il y a théoriquement un cours d'eau apparent ou caché, selon que la couche imperméable qui le supporte est au niveau du sol ou séparée de celui-ci par une couche perméable.

Tout cours d'eau qut se rend dans un plus grand converge vers l'aval de celui-ci.

Sur les grandes pentes des montagnes isolées, le réservoir de la source peut ne pas être très profond, et celle-ci peut se tarir sous l'influence de la sécheresse.

Sur les flancs des montagnes accouplées par des plateaux, on peut trouver des sources permanentes.

Quand le relief du terrain est abrupte, desséché, raviné, que la végétation y est maigre, on ne doit guère espérer y trouver une source.

Lorsque la végétation est plus active en

un certain point, qu'on y remarque quelques plantes aquatiques. que le terrain y est déprimé, affaissé, on peut espérer y trouver une source.

Si l'on cherche une source dans un vallon, il faut, par la pensée, la supposer à la ligne d'intersection des deux plans inclinés que forment les deux côteaux, par conséquent, la source est plus rapprochée du côté le plus escarpé et peut même couler à sa base. Plus aussi les flancs sont escarpés, plus la source coule profondément.

Lorsqu'après de fortes pluies une source temporaire se fait jour à travers des rochers, on peut en induire qu'elle existe de tout temps à l'intérieur et que c'est son trop plein momentané qui l'a obligée à sortir par cette issue; il n'y a donc qu'à la suivre intérieurement pour découvrir son gîte permanent.

Si l'on connaît l'existence d'une source superficielle et qu'on la cherche à un point plus élevé, on la trouvera toujours à une profondeur au plus égale à la différence de niveau entre le point où on la désire et l'endroit par où elle s'échappe.

Les sources chaudes coulent à une plus grande profondeur que les sources froides.

Lorsqu'une vallée est sèche superficiellement, c'est que son lit est trop perméable, la source coule à une certaine profondeur dans le sous-sol; on peut l'y trouver et même la faire jaillir superficiellement de la manière suivante, indiquée par Paramelle:

« Au point où elle est le plus resserrée, pratiquer une tranchée en forme de V, la pointe vers l'aval, la creuser jusqu'à ce qu'on rencontre la couche imperméable, élever dans cette tranchée un mur étanche avec, à la hauteur désirée, un tube au travers, l'eau montera dans le V et s'écoulera par le tube »

Si l'eau ne doit pas être dirigée sur un point plus élevé que le puits, la pompe à chapelet est la plus simple des machines élévatoires. Elle peut aller chercher l'eau jusqu'à 25 mètres de profondeur, et n'exige pas d'autre entretien que le remplacement des godets quand il sont usés.

Si l'eau doit être élevée et que la profondeur du puits ne dépasse pas six mètres, employer une pompe à double effet et à manche. Mais éviter les intermédiaires des courroies dont l'instabilité cause trop de soucis.

Si le puits à plus de six mètres, il sera prudent de transvaser l'eau, avec une pompe à chapelet, du puits dans un réservoir voisin, d'où la pompe à double effet la refoulerait au point culminant qui ne doit guère dépasser 15 mètres pour obtenir un effet pratique.

Théoriquement, une pompe pourrait aspirer à 10 m. ; mais il faudrait pour cela, donner au moteur le maximum de vitesse et à l'instrument une étanchéité parfaite, résultats qu'on n'obtient jamais dans la pratique.

Les tuyaux d'aspiration sont en plomb, en fonte, ou en caoutchouc; ceux de refoulement, en toile, en terre.

Une fois l'eau arrivée au point culminant, sa direction sur la plantation est une chose très facile et à la portée de tous les planteurs.

Dans les endroits où l'on ne peut facilement amener l'eau à la surface, il est pos-

sible de recueillir les pluies pour l'arrosage dans de grandes citernes avec des
moyens locaux.

Pour les besoins de la maison et de la
ferme, M. Gabriel Grimaud de Caux, dans
sont instruction pratique à l'usage des
agents-voyers; décrit ainsi la citerne vénitienne et son mode de construction.

Le meilleur moyen de conserver l'eau de
pluie est la citerne vénitienne.

Les matériaux constituants d'une citerne
sont l'argile et le sable.

On creuse le sol jusqu'à trois mètres de
profondeur et plus. On donne à l'excavation la forme d'une pyramide tronquée dont
la base regarde le ciel.

On maintient le terrain environnant à
l'aide d'un bâti en bon bois de chêne ou de
larix, s'appliquant sur le sommet tronqué
aussi bien que sur les quatre côtés de la
pyramide.

Sur le bâti en bois, on dispose une couche
d'argile pure, bien compacte et bien liée,
et dont ou unit la surface avec un grand
soin.

L'épaisseur de cette couche est en rapport avec la dimension de la citerne: dans
les plus grandes, elle n'a pas plus de 30
centimètres.

Cette épaisseur est suffisante pour résister à la pression de l'eau qui sera en contact
avec elle et aussi pour opposer un obstacle
invincible aux racines de végétaux qui peuvent croitre dans le sol ambiant. On regarde comme très important de n'y point laisser de cavités où l'air puisse se loger.

Au fond de l'excavation, dans l'intérieur

du sommet tronqué de la pyramide, on place une pierre circulaire, creusée au milieu en cul de chaudron, et on élève sur cette pierre un cylindre creux du diamètre d'un puits ordinaire, construit avec des briques bien ajustées, celles du fond seulement étant percées de trous coniques. On prolonge ce cylindre jusqu'au dessous du niveau du sol. en le terminant par la margelle d'un puits.

Il y a ainsi un grand espace vide entre le cylindre qui se dresse du milieu de l'excavation pyramidale, et les parois de la pyramide, revêtues d'une couche d'argile reposant sur le bâti en bois,   -

On remplit cet espace avec du sable de mer ou de rivière bien lavé, dont la surface vient affleurer l'argile;

Avant de couvrir le tout avec le pavé, on dispose, à chacun des quatre angles de la base de la pyramide, une espèce de boîte en pierre, fermée par un couvercle également en pierre et percé de trous. Ces boîtes appelées cassettoni, se lient entre elles par un petit canal en briquessèches reposant sur le sable Le tout est recouvert enfin par le pavé ordinaire, qu'on incline dans le sens des quatre orifices des angles, des cassettoni.

L'eau recueillie par les toits entre par les cassettoni, pénètre dans le sable à traver les jointures des briques des petits canaux, et vient se rassembler, en prenant son niveau au centre du cylindr creux, dans lequel elle s'introdui par les petits trous coniques pratiquésau fond.

Uue citerne ainsi construite et bien en-

tretenue donne une eau très limpide,
d'une grande fraîcheur et la conserve parfaitement jusqu'à la dernière goutte.

FIN

C. PARIS
Officier d'Académie